U0244257

职业教育计算机专业改革创新示范教材

After Effects 基础与实例教程

主　编　赵　殊

副主编　邴纪纯　庄新春　张琴诗

参　编　宫　强　马玥桓　张丽霞

　　　　刘　丹　邹维娇　那英红

机械工业出版社

本书采用实战案例的方式全面介绍了 After Effects CS3 的基本操作和综合应用技巧。全书共分 3 部分，分别为基础篇、提高篇和实战篇，包含 34 个具有代表性的案例。选取的案例实用精巧，通俗易懂。案例的讲解层次分明，步骤详实，且融入了笔者多年的工作经验，帮助读者在最短的时间内快速掌握 After Effects CS3 的基础知识，提高 After Effects CS3 的操作技能。同时掌握 After Effects 常用特效的各项参数的含义及功能使用。本书配有电子资源，包括电子课件、操作视频及实例素材，读者可到机械工业出版社教材服务网 www.cmpedu.com 上以教师身份免费注册下载，或联系编辑（010-88379194）咨询。

本书浅显易懂，注重实际应用，非常适合欲从事影视后期、电视栏目包装制作的初学者学习使用，还可以作为职业院校影视动画相关专业和各类社会培训班的教材。

图书在版编目（CIP）数据

After Effects 基础与实例教程/赵殊主编 . —北京：机械工业出版社，2012.9 （2017.9 重印）
职业教育计算机专业改革创新示范教材
ISBN 978-7-111-39292-7

Ⅰ. ①A… Ⅱ. ①赵… Ⅲ. ①图像处理软件—职业教育—教材
Ⅳ. ①TP391.41

中国版本图书馆 CIP 数据核字（2012）第 196452 号

机械工业出版社（北京市百万庄大街 22 号 邮政编码 100037）
策划编辑：梁 伟 责任编辑：蔡 岩
责任校对：张 力 封面设计：鞠 杨
责任印制：李 昂
三河市宏达印刷有限公司印刷
2017 年 9 月第 1 版第 3 次印刷
184mm×260mm · 14 印张 · 343 千字
3001—4900 册
标准书号：ISBN 978 - 7 - 111 - 39292 - 7
定价：34.00 元

前　言

  Adobe After Effects 是制作动态影像设计不可或缺的辅助工具，是视频后期合成处理的专业非线性编辑软件。该软件在电视台、动画制作公司、影视后期制作工作室、电脑游戏开发以及多媒体工作室中应用广泛，并且在网页设计和图形设计中，使用者也越来越多。

  After Effects 功能强大，易学易用，深受广大影视制作爱好者和影视后期设计师的喜爱，已经成为这一领域最流行的软件之一。目前，我国很多职业技术学校的视觉传达与游戏制作专业，都将 After Effects 作为一门重要的专业课程。

  编写这本书的初衷，是想为职业院校的学生提供一本适合的书籍。针对职业院校学生的特点，编者对本书的编写体例做了精心的设计，按照"基础篇→提高篇→实战篇"3个模块进行编排，力求由浅入深，难易适度。在基础篇中，用简单精巧的实例详尽地介绍了 After Effects CS3 的基础知识；提高篇中通过实例对 After Effects CS3 常用的特效进行了详细的讲解；实战篇中，介绍了 Logo 动画、节目导视、电视广告和栏目宣传片的制作。本书的内容编写力求细致全面、重点突出；文字叙述注意言简意赅、通俗易懂；案例的选取注重实用性和可操作性；对中职学生和 After Effects 的初学者有很好的参考价值。笔者想借此书帮助读者掌握影视后期的工作流程和创造方法，通过实践，学会触类旁通，举一反三。

  本书由赵殊任主编，邴纪纯、庄新春、张琴诗任副主编，宫强、马玥桓、张丽霞、刘丹、邹维娇、那英红参加编写。由于编者的能力所限，书中难免有疏漏和不足之处，恳请读者批评指正。

编　者

目　　录

前言

基　础　篇

1.1　案例 1 奥运连连看 2

1.1.1　After Effects 简介 2

1.1.2　系统配置 3

1.1.3　视频基础知识 3

1.1.4　After Effects CS3 的界面 5

1.1.5　了解 After Effects 的创作流程 6

1.2　案例 2 棒球小子 6

1.2.1　打开文件 7

1.2.2　导入素材 7

1.2.3　层属性及设置关键帧动画 13

1.2.4　收集文件 14

1.3　案例 3 摩登城市 16

1.3.1　制作背景 17

1.3.2　制作文字过光效果 17

1.3.3　制作文字透光效果 20

1.3.4　打包文件，渲染输出 20

1.4　案例 4 爱情城堡 20

1.4.1　创建合成文件 21

1.4.2　进行抠像处理 22

1.4.3　打包文件，渲染输出 23

1.5　案例 5 时间魔法师 24

1.5.1　在时间线上放置素材时的入点和出点 ...24

1.5.2　剪辑素材的入点和出点 25

1.5.3　无极变速 26

1.5.4　打包文件，渲染输出 30

1.6　案例 6 马赛克影像 31

1.6.1　创建合成文件 32

1.6.2　制作运动跟踪效果 32

1.6.3　制作马赛克效果 35

1.6.4　打包文件，渲染输出 36

1.7　案例 7 空间文字 37

1.7.1　创建文字 37

1.7.2　设置灯光 40

1.7.3　添加摄像机图层 42

1.7.4　打包文件，渲染输出 43

提　高　篇

2.1　案例 1 片头文字 46

2.1.1　创建合成文件 46

2.1.2　制作片头字效果 47

2.1.3　打包文件，渲染输出 48

2.2　案例 2 跳动的字母 49

2.2.1　创建合成文件 49

2.2.2　编辑路径文字特效 50

2.2.3　打包文件，渲染输出 53

2.3　案例 3 神秘国度 54

2.3.1　创建合成文件 54

2.3.2　创建金属文字效果 55

2.3.3　打包文件，渲染输出 58

2.4　案例 4 流光溢彩 58

2.4.1　创建合成文件 58

2.4.2　设定矢量绘图特效 60

2.4.3　添加体积光特效 62

2.4.4　打包文件，渲染输出 62

2.5　案例 5 水墨丹青 63

2.5.1　制作水墨画效果 63

2.5.2　制作画轴展开效果 67

2.5.3　制作最终效果 69

2.5.4 打包文件，渲染输出 70

2.6 案例 6 爆炸文字 71
  2.6.1 创建文字 71
  2.6.2 制作渐变合成 72
  2.6.3 制作文字爆炸效果 73
  2.6.4 制作光晕效果 76
  2.6.5 打包文件，渲染输出 76

2.7 案例 7 数码时代 77
  2.7.1 制作背景 77
  2.7.2 制作文字雨效果 80
  2.7.3 制作文字动画 82
  2.7.4 制作最终效果 84
  2.7.5 打包文件，渲染输出 86

2.8 案例 8 蓝调剧场 87
  2.8.1 制作场景 1 87
  2.8.2 制作场景 2 94
  2.8.3 制作最终效果 95
  2.8.4 打包文件，渲染输出 96

2.9 案例 9 环绕地球的文字 96
  2.9.1 制作旋转的地球 97
  2.9.2 制作环绕文字 98
  2.9.3 制作光芒效果 100
  2.9.4 打包文件，渲染输出 100

2.10 案例 10 映日荷花别样红 101
  2.10.1 制作烟雾文字效果 101
  2.10.2 制作背景 106
  2.10.3 制作最终效果 109
  2.10.4 打包文件，渲染输出 110

2.11 案例 11 浪漫的邂逅 110
  2.11.1 制作玫瑰的扭曲效果 111
  2.11.2 制作穿梭文字 112
  2.11.3 制作最终效果 115
  2.11.4 打包文件，渲染输出 116

2.12 案例 12 音画时尚 117
  2.12.1 制作彩色升降柱 117
  2.12.2 制作随音乐节奏缩放的文字.....119
  2.12.3 制作随音乐节奏颜色深浅变化的
     文字 120

2.12.4 打包文件，渲染输出 121

2.13 案例 13 变幻的光线 121
  2.13.1 创建文字层 122
  2.13.2 创建灯光层 123
  2.13.3 制作变幻的光线 124
  2.13.4 制作光线的光效 127
  2.13.5 制作边框 128
  2.13.6 打包文件，渲染输出 129

2.14 案例 14 心动不如行动 130
  2.14.1 创建文字 130
  2.14.2 制作文字动画 131
  2.14.3 添加光效 134
  2.14.4 制作背景淡入效果 135
  2.14.5 打包文件，渲染输出 135

实 战 篇

3.1 案例 1 阳光 LOGO 138
  3.1.1 制作阳光 LOGO 动画 138
  3.1.2 打包文件，渲染输出 141

3.2 案例 2 美国邮政 LOGO 141
  3.2.1 制作美国邮政 LOGO 动画 142
  3.2.2 打包文件，渲染输出 146

3.3 案例 3 流光溢彩 LOGO 146
  3.3.1 制作金属字 LOGO 动画 146
  3.3.2 打包文件，渲染输出 151

3.4 案例 4 节目导视 151
  3.4.1 制作节目导视 151
  3.4.2 打包文件，渲染输出 154

3.5 案例 5 节目预告导视 154
  3.5.1 制作节目预告 154
  3.5.2 打包文件，渲染输出 160

3.6 案例 6 下节内容导视 161
  3.6.1 制作下节内容导视 161
  3.6.2 打包文件，渲染输出 164

3.7 案例 7 面具车友会片头 164
  3.7.1 制作面具车友会片头 164

3.7.2　打包文件，渲染输出 173

3.8　案例 8 关爱地球宣传片 173

　　3.8.1　制作关爱地球宣传片 174

　　3.8.2　打包文件，渲染输出 180

3.9　案例 9 旧城故事片头 180

　　3.9.1　制作旧城故事片头 181

　　3.9.2　打包文件，渲染输出 185

3.10　案例 10 啤酒广告 185

　　3.10.1　制作啤酒广告 185

　　3.10.2　打包文件，渲染输出 190

3.11　案例 11 花香 5 号 191

　　3.11.1　制作花瓣形状 191

　　3.11.2　打包文件，渲染输出 200

3.12　案例 12 魔力王国 200

　　3.12.1　魔力王国广告制作 200

　　3.12.2　打包文件，渲染输出 209

3.13　案例 13 财经节目宣传片 209

　　3.13.1　制作节目宣传片 210

　　3.13.2　打包文件，渲染输出 215

参考文献 216

基 础 篇

1.1　案例 1 奥运连连看

AE 知识要点

1）After Effects 简介。
2）视频基础。
3）AE 的工作流程。

AE 效果预览

本案例效果预览图如图 1-1 所示。

图　1-1

1.1.1　After Effects 简介

After Effects 是一款用于高端视频编辑系统的专业非线性编辑软件。它借鉴了许多软件的成功之处，将视频编辑合成技术上升到了新的高度。

层概念的引入，使 After Effects 可以对多层的合成图像进行控制，制作出天衣无缝的合成效果；关键帧、路径概念的引入，使 After Effects 对于控制高级的二维动画如鱼得水；高效的视频处理系统，确保了高质量的视频输出；而令人眼花缭乱的特技系统，更使 After Effects 能够实现使用者的一切创意。

After Effects 还保留了 Adobe 软件优秀的兼容性。在 After Effects 中可以非常方便地调入 Photoshop 和 Illustrator 的层文件；Premiere 的项目文件也可以近乎完美地再现于 After Effects 中；在 After Effects 中，甚至还可以调入 Premiere 的 EDL 文件。

相对于 Premiere 来说，After Effects 更擅长于数字电影的后期合成制作。其强大的功能以及低廉的价格，使它在 PC 系统上可以完成以往只有在昂贵的工作站上才能够完成的合成效果。现在，After Effects 已经被广泛地应用于数字电视、电影的后期制作中，而新兴的多媒体和互联网也为 After Effects 提供了广阔的发展空间。相信在不久的将来，After Effects 必将成为影视领域的主流软件。

1.1.2 系统配置

1. Windows 平台

1）1.5GHz 或更快的处理器。

2）Microsoft® Windows® XP（带有 Service Pack 2，推荐 Service Pack 3）或 Windows Vista® Home Premium、Business、Ultimate 或 Enterprise（带有 Service Pack 1，通过 32 位 Windows XP 以及 32 位和 64 位 Windows Vista 认证）。

3）2GB 内存。

4）1.3GB 可用硬盘空间用于安装；可选内容另外需要 2GB 空间；安装过程中需要额外的可用空间（无法安装在基于闪存的设备上）。

5）1280×900 屏幕，OpenGL 2.0 兼容图形卡。

6）DVD-ROM 驱动器。

7）使用 QuickTime 功能需要 QuickTime 7.4.5 软件。

8）在线服务需要宽带 Internet 连接。

2. 苹果电脑 Macintosh

1）多核 Intel® 处理器。

2）Mac OS X 10.4.11-10.5.4 版。

3）2GB 内存。

4）2.9GB 可用硬盘空间用于安装；可选内容另外需要 2GB 空间；安装过程中需要额外的可用空间（无法安装在使用区分大小写的文件系统的卷或基于闪存的设备上）。

5）1280×900 屏幕，OpenGL 2.0 兼容图形卡。

6）DVD-ROM 驱动器。

7）使用 QuickTime 功能需要 QuickTime 7.4.5 软件。

8）在线服务需要宽带 Internet 连接。

1.1.3 视频基础知识

1. 什么是影视非线性编辑

（1）线性编辑

线性编辑指录像机通过机械运动使用磁头将视频信号顺序记录在磁带上，在编辑时必须依据顺序寻找所需视频画面的一种传统的编辑方式。例如，如果有顺序画面 X、Y、Z，在查找和编辑画面 Z 时，必须经过画面 X 和 Y，而不能直接跳跃到画面 Z 处。

（2）非线性编辑

非线性编辑是把各种视频、音频信号进行 A/D（模拟/数字）转换，采用数字压缩技术存入计算机硬盘中。由于没有采用磁带作为存储介质，因此可以直接跳转到任意一帧画面进行数据读取或修改、编辑操作，实现视频、音频的非线性编辑。

2. 宽高比

宽高比是指画面的宽度与高度的比，或者说是纵横比。电影、SDTV 和 HDTV 具有不同的宽高比格式。SDTV 的宽高比是 4:3 或比值为 1.33，HDTV 和扩展清晰度电影（EDTV）的宽高比是 16:9 或比值为 1.78；电影的宽高比值从早期的 1.333 已经发展到宽银幕的 2.77。

3. 播放制式

信号的细节取决于应用的视频标准或制式。目前全世界正在使用的有 3 种电视制式，它们分别是：NTSC（National Televistion Standard Committee，全国电视标准委员会）、PAL（Phase Alternate Line，逐行倒像）和 SECAM（Sequential Couleur Avec Memoire，顺序传送与存储彩色电视系统）。基本模拟视频制式的比较见表 1-1。

表 1-1　基本模拟视频制式的比较

播放制式	国　家	水平线/线	帧频/（f/s）
NTSC	美国，加拿大，日本，韩国，墨西哥	525	29.97
PAL	澳大利亚，中国，欧洲各国	625	25
SECAM	法国，大部分非洲国家	625	25

4. 帧频和分辨率

帧频是指每秒钟显示的图像数（帧数）。如果想让动作比较自然，每秒大约显示 10 帧。如果帧数小于 10，画面就会突起；如果帧数大于 10，播放的动作就会更加自然。制作电影通常都是 24 帧/s，而制作电视节目一般采用 25 帧/s。

影像的画质并不是只由帧频来决定的。分辨率是通过普通屏幕上的像素数来显示的，显示的形态是"水平像素数×垂直像素数"（例如，1024×768 像素，800×600 像素）。在其他条件相同的情况下，分辨率越高，画质就会越好。

5. Project（项目）

制作作品的第一步就是要创建项目（也可以翻译成工程），将制作好的 After Effects 文件保存在项目中，方便与 Premiere 等进行交换。项目是对视频作品的规格进行定义，比如时基、起始帧、颜色设置等，这些参数的定义会直接决定视频作品输出的质量及规格。

6. Composition（合成）

图像合成是 After Effects 的核心工作，完成新建项目后，我们就要新建合成，然后导入素材，在合成中利用素材制作各种特效和视频。

举例来说，要为某个活动制作宣传片，要求有一个 10s 的主片头，两个 5s 的版块小片头，一个 20s 的循环底标和 10s 的片尾。这样可以为整个节目建立一个项目，其中主片头、小片头、循环底标和片尾分别作为这个项目中的几个合成。

7. Footage（素材）

素材是构成合成的基础材料，分为 Still（静态）和 Movie（动态）两种，分别表示为图片和视频。在项目中还可以导入 Audio（声音素材）。

8. After Effects CS3 所支持的常用文件格式

- BMP ● AI ● EPS ● JPG ● GIF ● PNG ● PSD ● MOV
- TGA ● AVI ● WAV ● RLA ● RPF ● SGI ● Softimage

1.1.4 After Effects CS3 的界面

执行菜单"开始程序→After Effects CS3"命令，进入 After Effects CS3 操作界面。再执行菜单中的"File（文件）→Open Project（打开项目）"命令，打开一个 After Effects 文件，如图 1-2 所示。

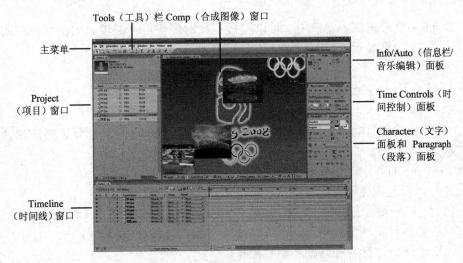

图 1-2

1. 主菜单

After Effects CS3 主菜单与标准的 Windows 文件菜单模式和用法相同，单击其中任意一个命令，都会出现供选择的下拉菜单。

2. "Project（项目）"窗口

"Project（项目）"窗口的功能是用于打开电影、静态、音频、Solid（固态层）、项目文件等。可以把它看成在制作过程中所需基本元素的集中地。

3. "Character（文字）"面板和"Paragraph（段落）"面板

在文字编辑窗口中，可以对文字的大小、尺寸、颜色、字间距、行距、字高、字宽等属性，以及段落的各种属性进行编辑。

4. "Timeline（时间线）"窗口

"Timeline（时间线）"窗口是对文件进行时间、动画、效果、尺寸、遮罩等属性编辑和对文件进行合成的窗口。

5. "Tools（工具）"栏

"Tools（工具）"栏中包括了常用的一些工具。这些工具与 Photoshop 中使用的工具箱有些类似。

6. "Info/Auto（信息栏/音乐编辑）"面板

"Info（信息栏）"面板显示的是关于颜色和位置的信息。

"Audio（音乐编辑）"面板。在时间线窗口中，音频也会占据一个层，可以对声音的大小或者质量等进行控制。

7. "Time Controls（时间控制）"面板

"Time Controls（时间控制）"面板，它是与播放 Timeline 的电影或者音频有关的面板。

8. "Comp（合成图像）"窗口

在 Comp（合成图像）窗口中，可以直接观察对图像进行编辑后的结果，对图像显示大小、模式、完全框显示、当前时间、当前视窗等选项进行设置。

1.1.5 了解 After Effects 的创作流程

无论是创建相对简单的 DVD 动态菜单或者动画标题，还是创建复杂的影视合成或者后期特效等，首先都要了解和掌握 After Effects 的创作流程。

After Effects 的创作流程基本上是按以下 5 个步骤进行。

1）置入和管理各类素材，调整其属性以适应当前项目。

2）创建"Composition"（合成），将素材安排到"Timeline"（时间轴）上各层。

3）对层的各种属性进行设置、创作动画或者添加各种特效处理等。

4）预览创作，进行各种修改和调整操作。

5）最终渲染输出成各种格式，以适合各种媒体发布。

AE 能力拓展

1）简述 After Effects 的创作流程。

2）列举常见的几种视频格式及各自的特点。

1.2 案例 2 棒球小子

AE 知识要点

1）AE 的工作流程。

2）合成的建立。

3）素材的导入。

4）Transform 属性的设置。

AE 效果预览

本案例效果预览图如图 1-3 所示。

图 1-3

1.2.1　打开文件

　　打开项目文件是最基本的一项操作，执行菜单中的"File（文件）→Open（打开）"命令，在弹出的如图1-4所示的对话框中找到要打开的项目文件，单击"打开"按钮即可。需要注意的是，当素材路径发生变化时需要手动更新素材路径。

图 1-4

1.2.2　导入素材

1. 导入一般素材

　　导入一般素材是指.jpg、.tga 和.mov 文件，导入这类素材的方法如下。

　　1）执行菜单中的"File（文件）→New Project（新建项目）"命令，新建一个项目。然后使用以下 3 种方式导入素材。

　　① 执行菜单中的"File（文件）→Import（导入）→File（文件）"命令来导入素材文件。

② 在项目窗口中双击鼠标左键，在出现的窗口中选择需要导入的素材文件。

③ 将需要的素材直接拖到项目窗口中。

用以上任意方式导入本书的"配套素材"\"案例素材"\"基础篇"\"1.2 棒球小子"\ Footage \"花.jpg"和"花.tga"图片，这是同一素材的两种格式文件。在导入"花.tga"文件时会出现一个"Interpret Footage（解释素材）"对话框，如图 1-5 所示。这是因为此时"花.tga"文件含有 Alpha 通道信息，需要在这里设置导入选项。单击"OK"按钮，此时"项目"窗口如图 1-6 所示。

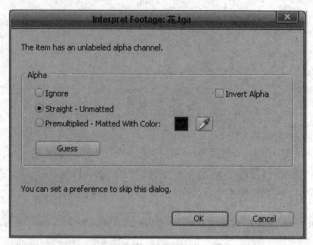

图　1-5

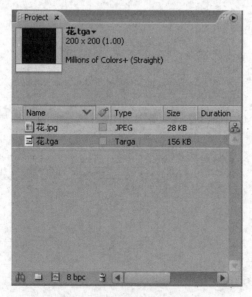

图　1-6

2）导入素材后便需要一个对素材进行加工的地方，也就是 Composition（合成窗口）。在项目窗口中单击鼠标右键，在弹出的快捷菜单中选择"New Composition（新建合成图像）"命令，弹出"Composition Settings（合成图像设置）"对话框，如图 1-7 所示。

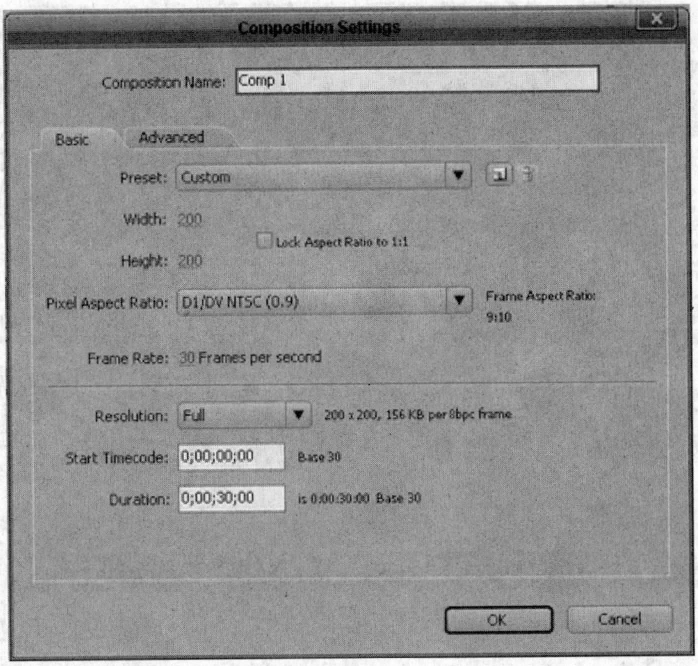

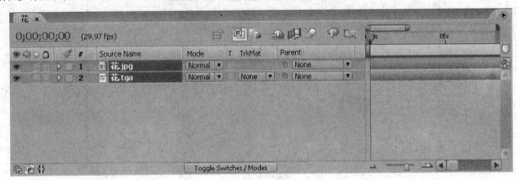

图 1-7

3）将两个文件分别从项目窗口中拖入时间线窗口，此时时间线窗口如图 1-8 所示，会出现两个"层"。这里层的概念与 Photoshop 中的层是一样的，可以将层想象成一个可以无限扩展的平面，位于上面的层会对下面的层产生遮盖。

图 1-8

4）新建固态层。在时间线窗口的空白处单击鼠标右键，在弹出的快捷菜单中选择"New（新建）→Solid（固态层）"命令，如图 1-9 所示。

5）在出现的如图 1-10 所示的"Solid Settings（固态层设置）"对话框中，可以在"Name（名称）"文本框中设定新建层的名字；在"Size（尺寸）"中设置新建层的大小，也可以单击"Make Comp Size（匹配合成图像尺寸）"按钮自动建立与合成图像同样大小的固态层；在"Color（颜色）"中通过单击颜色块来设定新建层的颜色，设置完成后单击"OK"按钮。此时在时间线窗口中位于上面的层会遮盖下面的层，重新排列 3 个层在时间线窗口中的顺序，如图 1-11 所示。

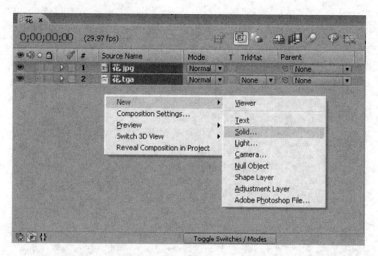

图　1-9

图　1-10

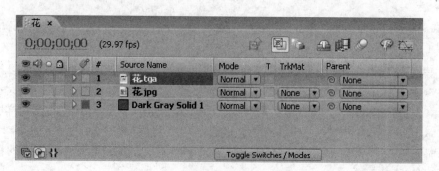

图　1-11

2. 导入 Photoshop 文件

After Effects CS3 能正确识别 Photoshop 中的层信息，可以大大简化在 After Effects CS3 中的操作。导入 Photoshop 文件的方法如下。

1）在 Photoshop 中建立一个包含 3 个图层的 640×480 像素的文档，存为"机器猫.psd"，如图 1-12 所示。

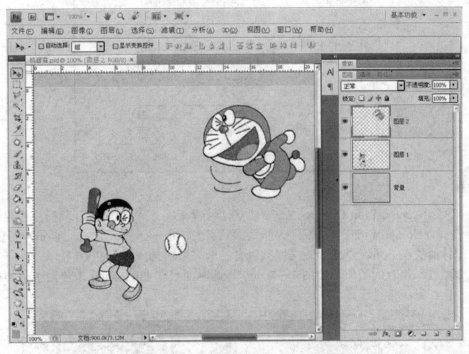

图 1-12

2）启动 After Effects CS3，在项目窗口中双击鼠标左键，在出现的导入素材窗口中找到刚才保存的"机器猫.psd"文件，双击"机器猫.psd"文件，将其导入，出现如图 1-13 所示的窗口，导入类型"Import kind"选项会显示出 3 种导入形式。

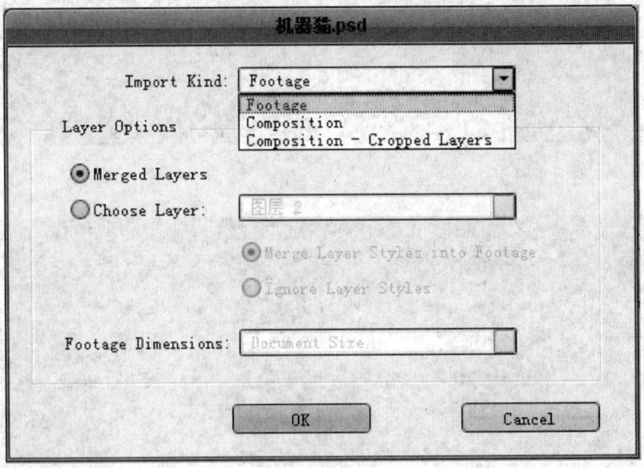

图 1-13

① 选择"Footage"导入时，可以选择需要的层进行导入，如图 1-14 所示。也可以单击"Merged Layers"选项，将 Photoshop 的层合并为一个层导入。

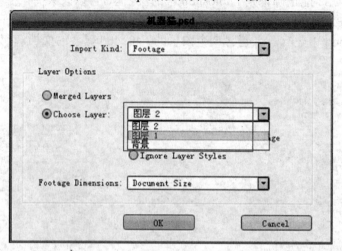

图　1-14

② 选择"Composition-Cropped Layers"选项导入时，将对图层进行裁剪后新建合成。

③ 选择"Composition"选项导入时，项目窗口如图 1-15 所示。此时单击项目窗口中文件夹图标前的小三角，会显示该文件所包含的所有层信息，如图 1-16 所示。双击"机器猫"，即可打开该合成图像，如图 1-17 所示，此时如果在 Photoshop 中使用了叠加模式，那么这里也可以正常显示。

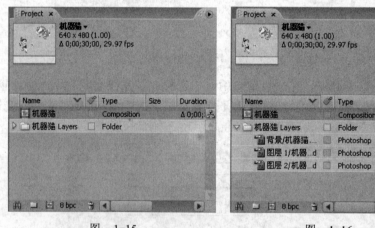

图　1-15　　　　　　　　　　　　　图　1-16

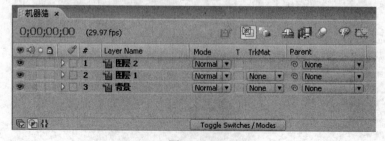

图　1-17

1.2.3　层属性及设置关键帧动画

以"Composition"方式打开"机器猫.psd"文件。然后双击项目窗口中的"机器猫.Comp"，打开合成图像窗口。接着在时间线窗口中选择"图层 1"，再按<Enter>键，如图 1-18 所示。

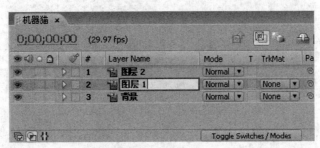

图　1-18

此时为该图层重新命名。这里输入"康夫"，如图 1-19 所示。然后单击图层上方的<Layer Name>按钮，切换到<Source Name>模式，观察时间线窗口的变化，如图 1-20 所示。此时一个是层的名称，一个是原素材的名称。

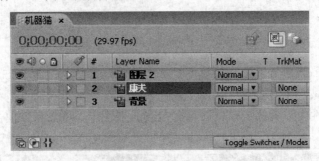

图　1-19

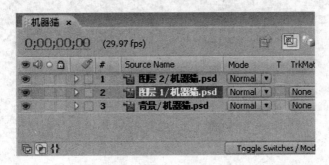

图　1-20

1. 层的基本属性

切换回 Layer Name 状态，单击"康夫"层前的小三角图标，展开图层的"Transform（变化）"属性，然后单击"Transform（变化）"前的小三角，展开下面的属性，如图 1-21 所示。

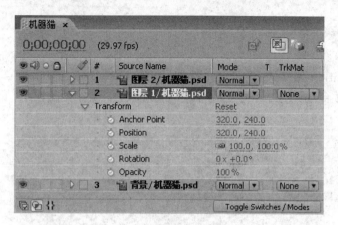

图 1-21

1）Anchor Point（中心点）：用于旋转时作为旋转的中心点。

2）Position（位置）：用于记录层的位置信息。

3）Scale（缩放）：用于改变缩放参数。

4）Rotation（旋转）：用于设置旋转属性。图层顺时针旋转超过 360°时，数值记为"1"；逆时针旋转超过 360°时，数值记为-1。如果想让层沿顺时针旋转 1800°，则只需将前面的数值改为"5"即可。

5）Opacity（不透明度）：用于设置不透明度属性。数值为 100%时，完全不透明；数值为 0%时，则完全透明。

2. 设定关键帧动画

利用码表在 After Effects CS3 中设置关键帧动画十分简单。码表是在"Timeline（时间线）"层的个别属性中设置关键帧的图标。在层的属性中，单击属性前面的"码表"图标，表示设置了关键帧。此时"Timeline（时间线）"如图 1-22 所示。

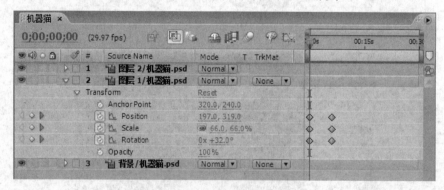

图 1-22

1.2.4 收集文件

"Collect File（收集文件）"命令是把计算机里使用的文件收集到一个文件夹中。应用这个命令以后，就不必再担心找不到数据了。收集文件的具体操作步骤如下。

1）首先执行菜单中的"File（文件）→Save（保存）"命令，将文件进行保存。

2）执行菜单中的"File（文件）→Collect File（收集文件）"命令，在弹出的如图 1-23 所示的对话框中单击"Collect"按钮。然后在弹出的如图 1-24 所示的对话框中输入"机器猫 folder"名称，单击"保存"按钮。

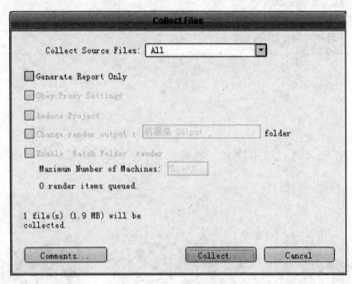

图　1-23

图　1-24

3）打开刚才保存的"机器猫 folder"文件夹，可以看到如图 1-25 所示的窗口。

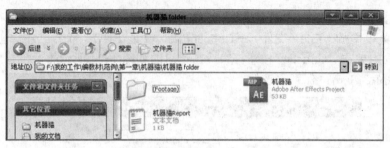

图　1-25

制作如图 1-26 所示的"城市掠影"栏目片头。

图　1-26

1.3　案例 3 摩登城市

1）Mask 蒙版的使用。
2）遮罩的使用。
3）图层混合模式的添加。

本案例的效果预览图如图 1-27 所示。

图　1-27

1.3.1 制作背景

1）启动 After Effects CS3。选择菜单栏中的"Composition（合成）→New Composition（新建合成）"命令，新建一个合成。将"Composition Name"命名为"过光文字"，视频格式选择为"PAL D1/DV"，宽 720，高 576，像素比为"D1/DV PAL Widescreen"，帧频为 25 帧/s，持续时间为 5s。如图 1-28 所示。

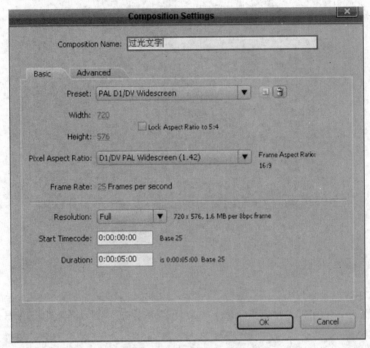

图　1-28

2）在项目窗口的空白处双击鼠标左键，导入本书的"配套素材"\"案例素材"\"基础篇"\"1.3 摩登城市"\"Footage"\"过光文字.aep"\"现代都市.jpg"背景图片。

1.3.2 制作文字过光效果

1）选择工具栏中的文本工具 T，在合成图像窗口中输入文字"Modern City"，将文字移动到图像的中央位置。文字属性设置如图 1-29 所示。

2）建立固态层。选择"Layer（层）→New（新建）→Solid（固态层）"命令，也可以按<Ctrl+Y>组合键建立一个颜色为白色的固态层，取名为"light"。

3）单击工具栏中的钢笔工具 ，在合成窗口中的"light"层上绘制一个倾斜的长方形，如图 1-30 所示。

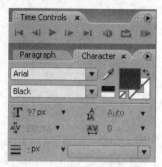

图 1-29

图 1-30

4）在"Timeline（时间线）"窗口中选中"light"层，单击"light"层展开"Masks→Masks1"下的属性，设置"Mask Feather（羽化值）"为"30.0"，如图 1-31 所示。

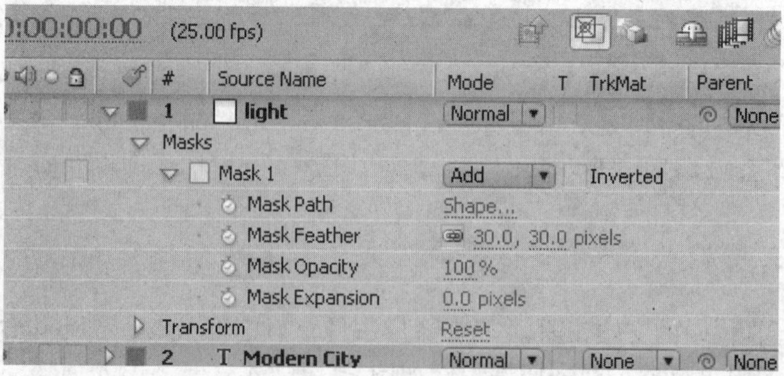

图 1-31

5）在时间轴面板选择"light"层，展开 Transform 属性，设置 Position 位移属性的关键帧动画。在 0s 处，设置 Position 的值为（-145.6,291.0）；在 4s 处，设置 Position 的值为（359.4，291.0），如图 1-32 所示。

a）

b）

图　1-32

6）选中文字层，按<Ctrl+D>组合键进行复制。将复制出来的文字层用鼠标拖拽至"light"层上。单击时间线窗口，将"light"层的"Trkmat（遮罩）"下的"None"改为"Alpha Matte Modern City2"。如图 1-33 所示。

图　1-33

1.3.3 制作文字透光效果

选择时间线上的"Modern City"文字层，将其"Mode（模式）"下的"Normal"改为"Color Burn（色彩加深）"，形成透光效果。如图 1-34 所示。

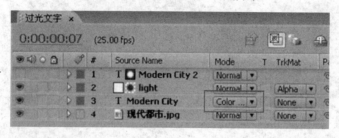

图 1-34

1.3.4 打包文件，渲染输出

1）执行菜单中的"File→Save"命令，保存文件。再执行菜单中的"File→Collect Files"命令，将文件打包。

2）执行菜单中的"File→Export→Quick Time"命令，将"过光文字"渲染输出。

AE 能力拓展

利用 Mask 制作如图 1-35 所示的探照灯效果。

图 1-35

1.4 案例 4 爱情城堡

AE 知识要点

1）Linear Color Key（线性颜色抠像）。

2）Spill Suppressor（溢出控制）。

我国通常采用蓝屏作为抠像的拍摄背景。欧美由于很多人的眼睛是深浅不一的蓝色，如果用蓝屏背景，抠像时容易将人眼抠除。为了避免这种问题，欧美多采用绿屏作为抠像的拍摄背景。

AE 效果预览

本案例的效果预览图如图 1-36 所示。

图 1-36

AE 操作步骤

1.4.1 创建合成文件

1）启动 After Effects CS3。执行菜单中的"File（文件）→Import（导入）→File（文件）"命令，导入本书的"配套素材"\"案例素材"\"基础篇"\"1.4 爱情城堡"\Footage\"背景 3.jpg"和"婚纱 4.jpg"图片。

2）创建一个与"背景 3.jpg"文件等大的合成图像。将"Project（项目）"窗口中的"背景 3.jpg"拖到下方的 图（创建新的合成图像）图标上，从而创建一个与背景图片文件等大的合成图像。

3）将"婚纱 4.jpg"文件从"Project（项目）"窗口中拖入到"背景 3"合成文件的时间线窗口中，调整图层顺序在背景图层的上方，如图 1-37 所示。

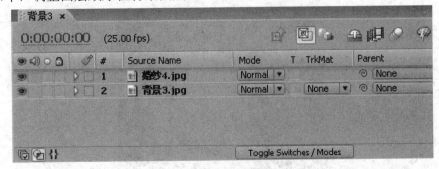

图 1-37

1.4.2　进行抠像处理

1）对"婚纱 4.jpg"层进行初步抠像处理。在"时间线"窗口中选择"婚纱 4.jpg"层，然后执行菜单中的"Effect（效果）→Keying（键控）→Linear Color Key（线性颜色抠像）"命令，在"Effect Controls（效果控制）"面板中设置参数，如图 1-38 所示。

图　1-38

2）此时图像大部分的蓝色已被去掉，但任务边缘和图像上方的局部还残留少量的蓝色，下面通过 Spill Suppressor（溢出控制）特效将其去除。在"时间线"窗口中选择"婚纱 4.jpg"层，然后执行"Effect（效果）→Keying（键控）→Spill Suppressor（溢出控制）"命令，接着调整设置参数，如图 1-39 所示。效果如图 1-40 所示。

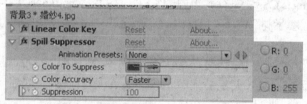

图　1-39

3）调整"婚纱 4.jpg"文件在合成中的大小和位置，效果如图 1-41 所示。

图　1-40

图　1-41

1.4.3　打包文件，渲染输出

1）执行菜单中的"File→Save"命令，保存文件。再执行菜单中的"File→Collect Files"命令，将文件打包。

2）执行菜单中的"File→Export→Quick Time"命令，将"背景3"渲染输出。

AE 能力拓展

利用提供的素材进行抠像练习，如图 1-42 所示。

图　1-42

1.5　案例 5 时间魔法师

AE 知识要点

1）掌握设置和编辑素材入点和出点的方法。
2）Time Remap（时间重映像）。
3）Graph Editor（图表编辑器）。

AE 效果预览

本案例的效果预览图如图 1-43 所示。

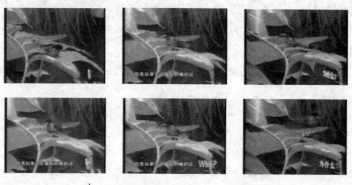

图　1-43

AE 操作步骤

1.5.1　在时间线上放置素材时的入点和出点

方法一

1）打开本书的"配套素材"\"案例素材"\"基础篇"\"1.5 时间魔法师"\"海底世界.avi"文件。将视频素材拖至时间线中。

2）将时间指示线移至目标时间位置，如图 1-44 所示。

图　1-44

3）按住<Shift>键的同时，用鼠标将素材的入点拖移至时间指示线位置，素材的入点会自动吸附在目标时间点，如图1-45所示。

图　1-45

方法二

1）将素材拖至时间线中。

2）将时间指示线移至目标时间位置。

3）按<[>键，将素材的入点移至目标时间位置。用同样的方法可以改变素材的出点。

1.5.2　剪辑素材的入点和出点

方法一

1）打开素材"海底世界.avi"文件。将视频素材拖至时间线中。

2）将时间指示线移至目标时间位置，如图1-46所示。

图　1-46

3）将鼠标移至素材层的入点处，鼠标指针变为时，将其向右拖动。同时按<Shift>键将其移至时间指示线时，会很容易将素材层的入点标记重设，并对齐到目标时间，如图1-47所示。

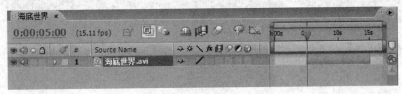

图　1-47

方法二

1）将素材拖至时间线中。

2）将时间指示线移至目标时间位置。

3）按<Alt+[>组合键，将素材的入点重置，并对齐至目标时间位置。用同样的方法可以剪辑素材的出点。

1.5.3　无极变速

1. 创建合成文件

1）启动 After Effects CS3。执行菜单中的"File（文件）→Import（导入）→File（文件）"命令，导入本书的"配套素材"\"案例素材"\"基础篇"\"1.5 时间魔法师"\"蜂鸟完成"\Footage\"蜂鸟 avi"视频文件。

2）将素材拖至时间线中。

2. 进行无级变速处理

1）选择素材，拖入时间线内，创建一个新的合成文件，将合成文件的时间修改为：0:00:06:20，再选择菜单中的"Layer（图层）→Time（时间）→Enable Time Remapping（时间重映像）"命令，其快捷键为<Ctrl+Alt+T>，同时在时间线中添加 Time Remap 功能，并在原视频素材的开始处和结束处分别存在一个关键帧，如图 1-48 所示。

图　1-48

2）单击码表右侧的 ⌐ （在图表编辑器包含这个属性）按钮，然后单击时间线窗口上部的 ⌐ （图表编辑器）按钮，切换到 Graph Editor（图表编辑器）的现实状态，如图 1-49 所示。

图　1-49

3）为了更清楚地进行针对性的操作，单击 ⬚ 按钮，弹出菜单，选中 Edit Value Graph（编辑数值图表），其他勾选取消，如图 1-50 所示。

4）依次将时间移至第 2s、第 3s 和第 5s 的位置，单击 Time Remap 最左侧的添加动画按钮，增加 3 个关键帧，同时在 Graph Editor（图表编辑器）中白色的时间直线上会显示所添加的关键点，如图 1-51 所示。

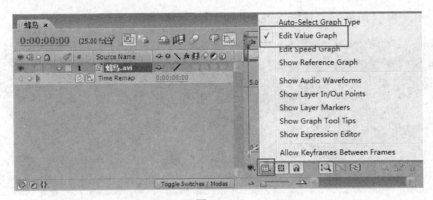

图　1-50

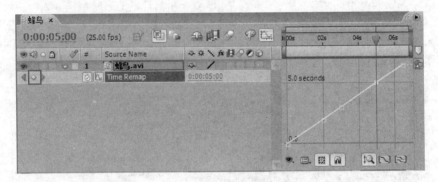

图　1-51

5）对于 Graph Editor（图表编辑器）中白色的时间直线上的关键点，可以用鼠标单击选中或者框选。当前共有 5 个关键点，选中第 2 个关键点，将其向上移动到顶部。然后将第 3 个关键点移动到底部，第 4 个关键点移动到中下部。这时在预览窗口中可以看到画面进程速度加快，并有重复。

6）在时间线窗口中单击 Time Remap，将 5 个关键帧全部选中，然后单击 Graph Editor（图表编辑器）区域下部的六按钮，可以将 Time Remap 关键点之间的动画以曲线的方式进行速度的变化，如图 1-52 所示。

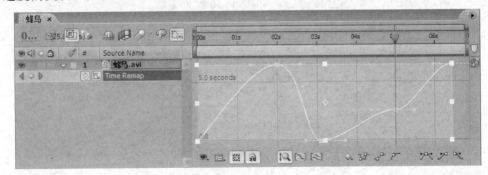

图　1-52

7）在工具栏中选择 工具，在第 1s 12 帧位置的动画曲线上添加一个关键点，然后将其移至顶部，可以看到 Time Remap 的动画曲线在第 1s 12 帧至第 2s 之间为水平直线，如

图 1-53 所示。再次预览时会发现这段视频画面静止不动。

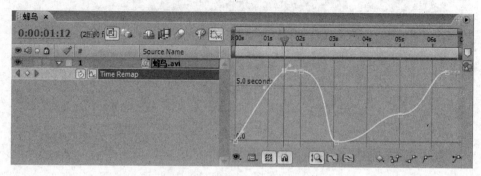

图 1-53

8）在 Graph Editor（图表编辑器）区域下部单击 按钮，弹出菜单，选择菜单中的 "Show Layer In/Out Points（显示图层入点/出点）" 命令，此时会在动画曲线上显示有图层入点和出点，如图 1-54 所示。

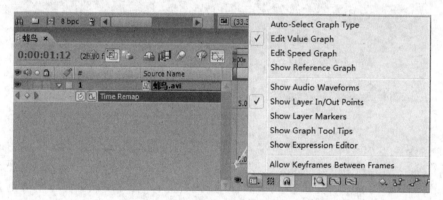

图 1-54

9）按<End>键，将时间移至合成时间线的最后。选中素材层，再按<Alt+]>组合键，可以将素材层的出点移至合成时间线的最后。在预览效果时会发现，从 6s 11 帧至合成时间线的最后时间为最后一帧的静止画面，如图 1-55 所示。

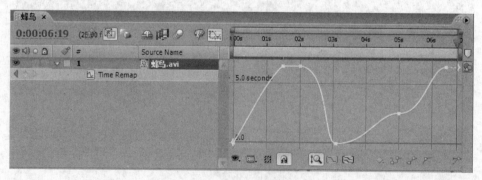

图 1-55

10）在 Graph Editor（图表编辑器）区域下部单击 按钮，弹出菜单。勾选 "Show Graph

Tool Tips（显示图标工具提示）"命令。此时将鼠标指针指向动画曲线时，会显示相关指示信息，如图1-56所示。

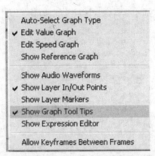

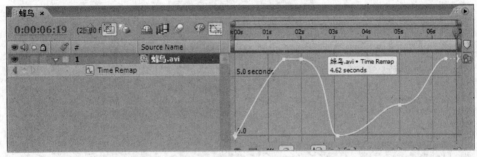

图 1-56

11）单击Graph Editor（图表编辑器）区域下部的回按钮，弹出菜单。勾选"Edit Speed Graph（编辑速度图表）"命令，原来菜单中的Edit Value Graph（编辑数值图表）的勾选状态会自动取消，Graph Editor（图表编辑器）区域显示的曲线类型由数值图表曲线切换为速度图表曲线，将鼠标指向曲线时，会显示当前时间动画速率值是多少，如图1-57所示。

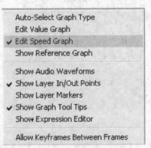

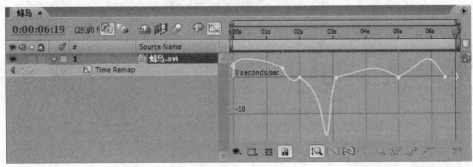

图 1-57

12）单击 Graph Editor（图表编辑器）区域下部的 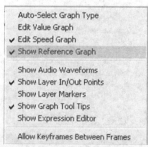 按钮，弹出菜单。勾选 "Show Reference Graph（显示参照图表）" 命令，会将速度图表和数值图表都显示出来，不过只有其中勾选上的一个图表可以编辑，另一个只做参考，如图 1-58 所示。

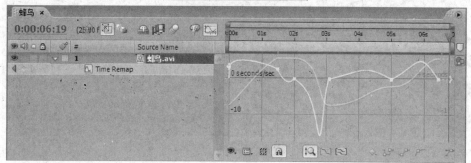

图　1-58

13）单击时间线窗口上部的 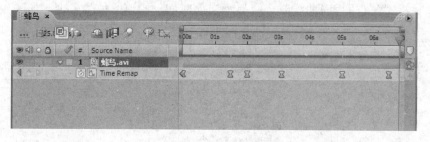 （图表编辑器）按钮，将其关闭，返回常规的时间线的图层显示状态，素材层的长度及关键帧如图 1-59 所示。

图　1-59

1.5.4　打包文件，渲染输出

1）执行菜单中的 "File→Save" 命令，保存文件。再执行菜单中的 "File→Collect Files" 命令，将文件打包。

2）执行菜单中的 "File→Export→Quick Time" 命令，渲染输出。

对提供的素材制作时间变速效果，如图 1-60 所示。

图　1-60

1.6　案例6马赛克影像

知识要点

1）Track Motion（轨迹运动）。
2）Mosaic（马赛克）特效。

效果预览

本案例的效果预览图如图 1-61 所示。

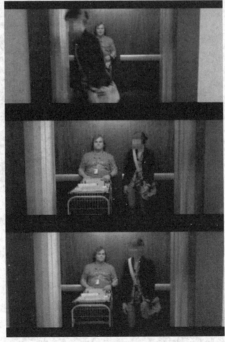

图　1-61

AE 操作步骤

1.6.1 创建合成文件

1）启动 After Effects CS3。执行菜单中的"File（文件）→Import（导入）→File（文件）"命令，导入本书"配套素材"\"案例素材"\"基础篇"\"1.6 马赛克影像"\Footage\"格列佛游记.avi"文件到当前"项目"窗口中。

2）在"项目"窗口中，将"格列佛游记.avi"拖到 🔲（创建新的合成图像）图标上，从而创建一个与"格列佛游记.avi"文件等大的合成图像。

1.6.2 制作运动跟踪效果

1）创建马赛克尺寸。执行菜单中的"Layer（图层）→New（新建）→Solid（固态层）"命令，然后在弹出的对话框中设置参数，如图 1-62 所示，单击"OK"按钮，结果如图 1-63 所示。

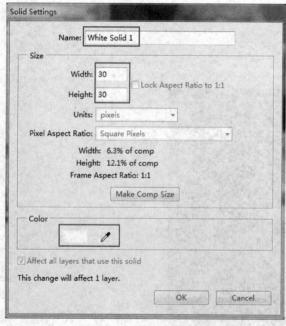

图 1-62

图 1-63

2）在"Timeline（时间线）"窗口中选择"格列佛游记.avi"层，如图 1-64 所示。然后执行菜单中的"Animate（动画）→Track Motion（轨迹运动）"命令，调出"Track Controls（轨迹控制）"面板，继续设置参数，如图 1-65 所示。最后单击 Options... 按钮，在弹出的对话框中设置参数，如图 1-66 所示，单击"OK"按钮。

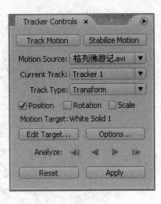

格列佛游记
0:00:00:00
(15.01 fps)
Source Name
1
White Solid 1
2
格列佛游记.avi

图 1-64

Tracker Controls
Track Motion
Stabilize Motion
Motion Source: 格列佛游记.avi
Current Track: Tracker 1
Track Type: Transform
Position
Rotation
Scale
Motion Target: White Solid 1
Edit Target...
Options...
Analyze:
Reset
Apply

图 1-65

Motion Tracker Options
Track Name: Tracker 1
Tracker Plug-in: Built-in
Options
Channel
RGB
Luminance
Saturation
Process Before Match
Blur
pixels
Enhance
Track Fields
Subpixel Positioning
Adapt Feature On Every Frame
Continue Tracking
If Confidence Is Below 80 %
OK
Cancel

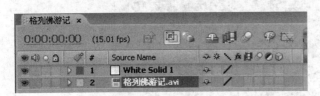

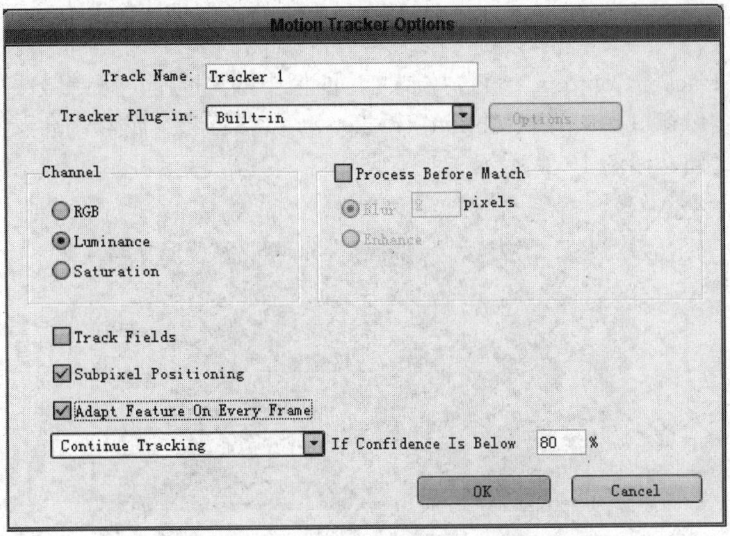

图 1-66

3）此时视图中的运动追踪框如图 1-67 所示。并按照如图 1-68 所示调整运动追踪框的位置。

Footage: (none)
Layer: 格列佛游记.avi
Track Point 1
01s
02s
03s
04s
05s
06s
0:00:00:00
0:00:06:03
Δ0:00:06:05
View: Motion Tracker Points
(100%)

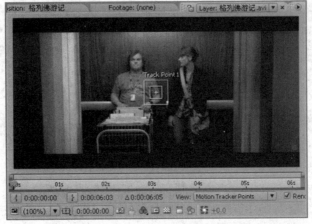

图 1-67

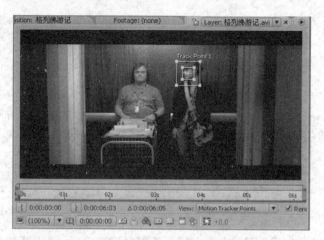

图　1-68

4）单击"Tracker Controls（轨迹控制）"面板中的 ▶ 按钮，跟踪效果如图 1-69 所示。此时在"时间线"窗口中展开"Motion Tracker（运动跟踪）"属性，会看到每个跟踪点都会产生一个关键帧，如图 1-70 所示。

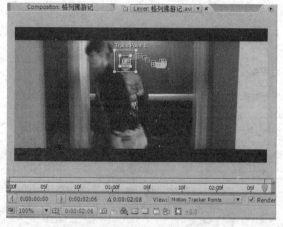

图　1-69

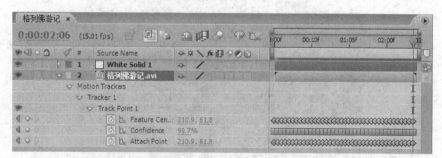

图　1-70

5）单击"Tracker Controls（轨迹控制）"面板中的 ▢ Apply ▢ 按钮，然后在弹出的对话框中设置参数，如图 1-71 所示，单击"OK"按钮，应用跟踪。此时在"时间线"窗口中展开"White Solid 1"层中的"Position（位置）"属性，会看到每个跟踪点都会产生一个关键帧，如图 1-72 所示，对应调整个别帧的位置，结果如图 1-73 所示。

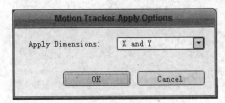

图　1-71

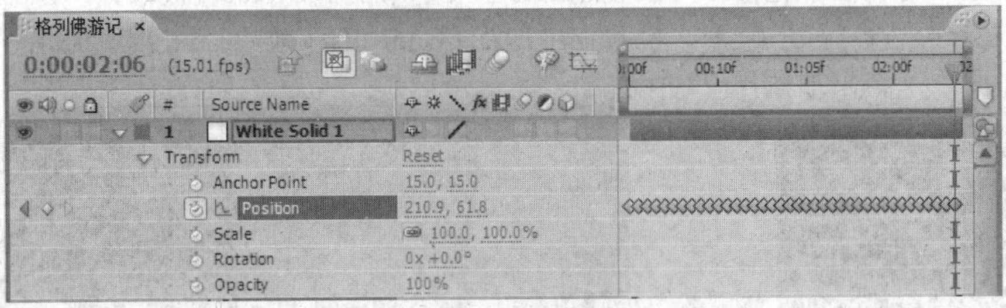

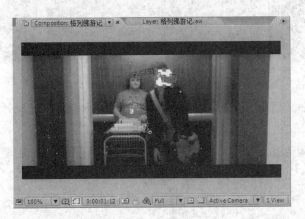

图　1-72

图　1-73

1.6.3　制作马赛克效果

1）利用蒙版只显示局部模糊区域。方法为：在"Timeline（时间线）"窗口中，选择"局部模糊"层，单击"TrkMat"下的 None 按钮，如图 1-74 所示。然后在弹出的快捷菜单中选择"Luma Matte'White Solid 1'"命令，如图 1-75 所示，结果如图 1-76 所示。

图　1-74

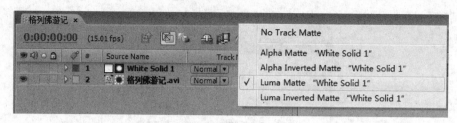

图 1-75

2）选择"格列佛游记.avi"层，然后执行菜单中的"Effect（效果）→Stylize（风格化）→Mosaic（马赛克）"命令，接着在"Effect Controls（效果控制）"面板中设置参数，如图 1-77 所示，结果如图 1-78 所示。

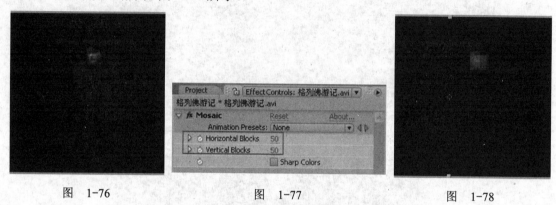

图 1-76   图 1-77   图 1-78

3）选择"Project（项目）"窗口中的"格列佛游记.avi"，将其再次拖入"Timeline（时间线）"窗口中，并放置在最底层，如图 1-79 所示。

图 1-79

1.6.4 打包文件，渲染输出

1）执行菜单中的"File→Save"命令，保存文件。再执行菜单中的"File→Collect Files"命令，将文件打包。

2）执行菜单中的"File→Export→Quick Time"命令，将"格列佛游记"渲染输出。

制作人物面部的马赛克效果，如图 1-80 所示。

图　1-80

1.7　案例 7 空间文字

1）3D 图层的转换与应用。
2）Light 灯光层的添加与应用。
3）Camera 摄像机层的添加与应用。

本案例的效果预览图如图 1-81 所示。

图　1-81

1.7.1　创建文字

1）启动 After Effects CS3 软件。
2）按<Ctrl+N>组合键，新建一个合成，在弹出的"Composition Setting"对话框中设置参数，如图 1-82 所示。
3）选择工具栏中的文本工具 T.，在合成窗口中输入文字"AFTER EFFECTS"。在"Character"字符面板中设置文字的颜色为白色，其他参数设置如图 1-83 所示。并用工具栏中的轴心点工具 将文字的中心点移到文字中心处，图 1-84 所示。

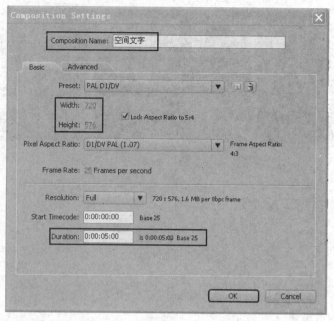

图 1-82

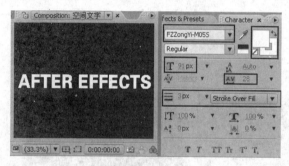

图 1-83

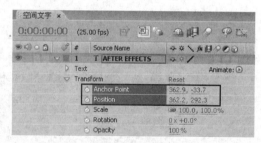

图 1-84

4）选中"AFTER EFFECTS"层，按 3 次<Ctrl+D>组合键，复制出 3 个文字层。单击所有文字层的"3D Layer"按钮，打开三维图层开关，如图 1-85 所示。

5）在合成窗口中设置视图个数为 4 个，并将右下角的视图设置为"Custom View1"用户自定义视图，效果如图 1-86 所示。

图 1-85

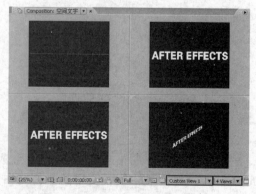

图 1-86

38

6）选中"AFTER EFFECTS"层，展开"Transform"属性，设置参数如图 1-87 所示。效果如图 1-88 所示。

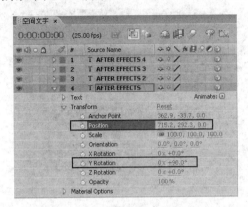

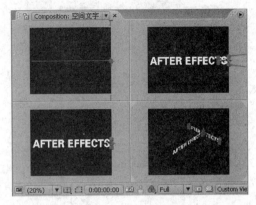

图　1-87

图　1-88

7）选中"AFTER EFFECTS 2"层，展开"Transform"属性，设置参数如图 1-89 所示。效果如图 1-90 所示。

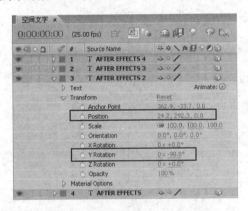

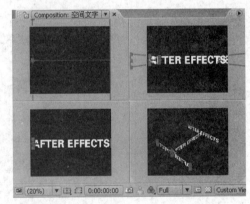

图　1-89

图　1-90

8）选中"AFTER EFFECTS 3"层，展开"Transform"属性，设置参数如图 1-91 所示。效果如图 1-92 所示。

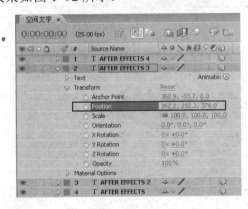

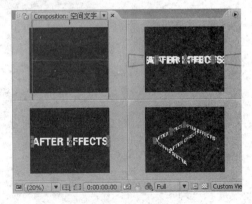

图　1-91

图　1-92

9）选中"AFTER EFFECTS 4"层，展开"Transform"属性，设置参数如图 1-93 所示。效果如图 1-94 所示。

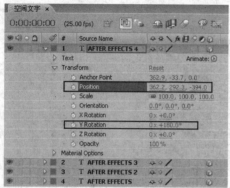

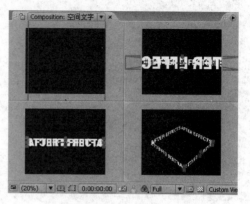

图　1-93　　　　　　　　　　　　　　　　图　1-94

1.7.2　设置灯光

1）按<Ctrl+Y>组合键，新建一个白色固态层，参数设置如图 1-95 所示。

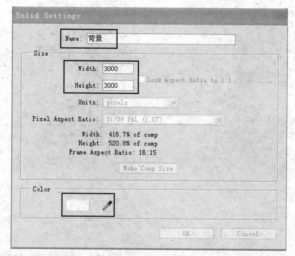

图　1-95

2）选中"背景"层，选择菜单栏中的"Effect→Generate→Ramp"命令，为图层添加特效。并设置"Start Color"颜色为白色，"End Color"颜色为黑色，其他参数设置如图 1-96 所示。

图　1-96

3）单击"背景"层后面的"3D Layer"按钮 ⬦，打开三维图层开关，在时间线窗口中将其移动到最底层，并在"Transform"选项中设置参数如图 1-97 所示。效果如图 1-98 所示。

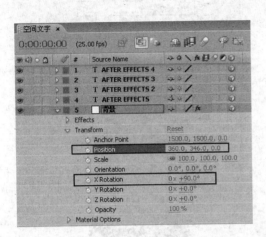

图　1-97　　　　　　　　　　　　　　　　　图　1-98

4）选择菜单栏中的"Layer→New→Light"命令，创建灯光层。在弹出的"Light Settings"对话框中，设置灯光的颜色为 RGB（252,255,0），其他参数设置如图 1-99 所示。效果如图 1-100 所示。

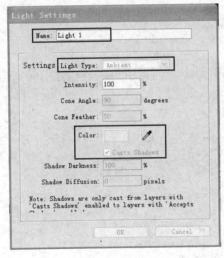

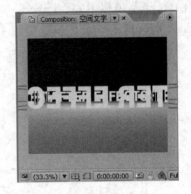

图　1-99　　　　　　　　　　　　　　　　图　1-100

5）选中"AFTER EFFECTS"层，展开"Material Options"选项，设置"Casts Shadows"选项的值为"On"，打开阴影开关。其他文字层也做同样的设置，如图 1-101 所示。

6）选择菜单栏中的"Layer→New→Light"命令，再创建一个灯光层。在弹出的"Light Setting"对话框中，设置灯光的颜色为 RGB（252,255,0），其他参数设置如图 1-102 所示。

7）选中"Light 2"层，展开"Transform"属性，设置参数如图 1-103 所示。效果如图 1-104 所示。

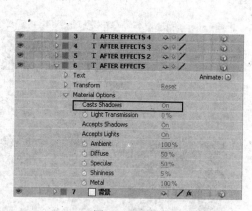

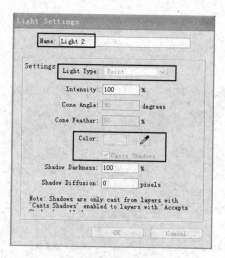

图 1-101

图 1-102

图 1-103

图 1-104

1.7.3　添加摄像机图层

1）选择菜单栏中的"Layer→New→Camera"命令，创建摄像机。在弹出的"Camera Setting"对话框中，设置参数如图 1-105 所示。

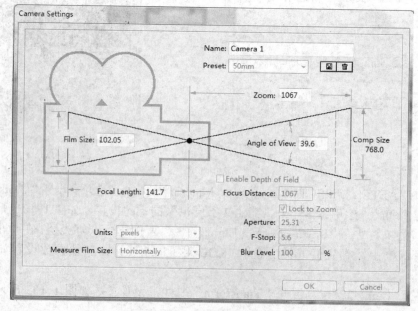

图 1-105

2）制作摄像机动画。选中"Camera 1"层，将时间轴移动到 0s 处，设置参数如图 1-106 所示。

再将时间轴移动到 2s14 帧处，设置参数如图 1-107 所示。

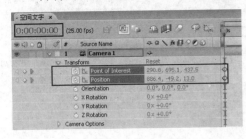

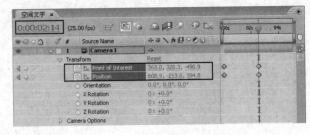

图　1-106 图　1-107

再将时间轴移动到 4s01 帧处，设置参数如图 1-108 所示。

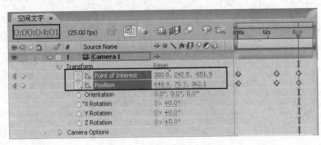

图　1-108

1.7.4　打包文件，渲染输出

1）执行菜单中的"File→Save"命令，保存文件。再执行菜单中的"File→Collect Files"命令，将文件打包。

2）执行菜单中的"File→Export→Quick Time"命令，将"空间文字"渲染输出。

AE 能力拓展

利用所给的素材制作旋转的立方体效果，如图 1-109 所示。

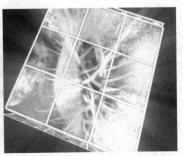

图　1-109

提 高 篇

2.1 案例1 片头文字

AE 知识要点

1）Vector Paint（矢量绘画）特效。
2）Drop Shadow（投射阴影）特效。

AE 效果预览

本案例效果预览图如图 2-1 所示。

图　2-1

AE 操作步骤

2.1.1 创建合成文件

1）新建一个合成文件，在菜单中选择"Composition（合成）→New Composition（新建合成）"命令，新建一个合成。将"Composition Name"命名为"孔子"，视频大小为"479×360"，帧频为 25 帧/s，持续时间为"0:00:05:00"。

2）在"项目"窗口的空白处双击鼠标左键，导入本书的"配套素材"\"案例素材"\"提高篇"\"2.1 片头文字"\Footage\文件夹中的"背景.jpg"和"字.png"图片到当前"项目"窗口中，如图 2-2 所示。

图　2-2

3）将素材拖入"时间线"窗口中。将"字.png"层放在背景层的上面，如图 2-3 所示。

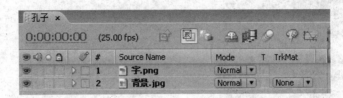

图　2-3

2.1.2　制作片头字效果

1）选中"字.png"层，在菜单中选择"Effect（效果）→Paint（绘画）→Vector Paint（矢量绘画）"命令，为该层添加特效。

2）在合成图像窗口中单击左上角的 ▶ 按钮，在弹出的菜单中选择"Shift→Paint Records→Continuously"命令，如图 2-4 所示。

3）在如图 2-5 所示的对话框中将"Color（颜色）"设置为"蓝色"，使得描绘"孔子"两个字的时候可以更加直观。

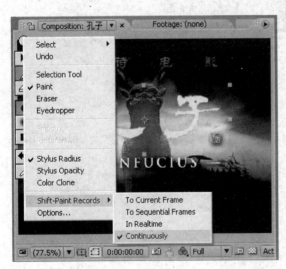

图　2-4

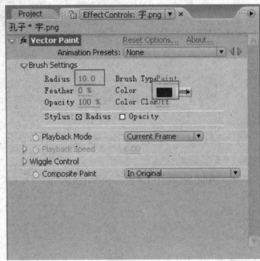

图　2-5

4）描绘"孔子"两字，在描绘的同时按住<Shift>键，沿着字的运笔方向进行描绘，如图 2-6 所示。

5）在左侧的"Effect Controls"面板中，设置"Vector Paint（矢量绘画）"特效的参数，如图 2-7 所示。

6）加上阴影，优化显示效果。在菜单栏中选择"Effect（效果）→Perspective（透视）→Drop Shadow（投射阴影）"命令，在对话框中进行如图 2-8 所示的参数设置。

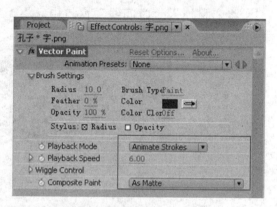

图 2-6   图 2-7

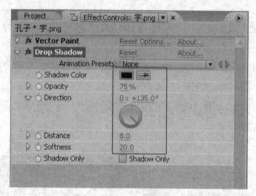

图 2-8

2.1.3 打包文件，渲染输出

1）执行菜单中的"File→Save"命令，保存文件。再执行菜单中的"File→Collect Files"命令，将文件打包。

2）执行菜单中的"File→Export→Quick Time"命令，将"孔子"渲染输出。

能力拓展

利用 Vector Paint（矢量绘画）特效制作视频切换效果，如图 2-9 所示。

图 2-9

2.2 案例2 跳动的字母

知识要点

1）钢笔工具绘制路径。
2）Path Text（路径文本）特效。

效果预览

本案例效果预览图如图 2-10 所示。

  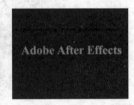

图　2-10

操作步骤

2.2.1 创建合成文件

1）新建一个合成文件，在菜单中选择"Composition（合成）→New Composition（新建合成）"命令，新建一个合成。然后在弹出的"Composition Setting（合成图像设置）"对话框中设置参数，如图 2-11 所示，单击"OK"按钮，完成设置。

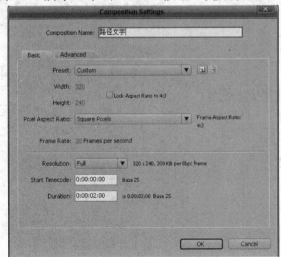

图　2-11

2）绘制文字运动的路径。执行菜单中的"Layer（图层）→New（新建）→Solid（固态层）"命令，新建一个固态层。然后使用工具栏中的钢笔工具 🖊️ 绘制如图 2-12 所示的路径。注意要保证起始点的贝兹曲线是水平的，这样才可以保证文字最后是从左到右的水平排列。

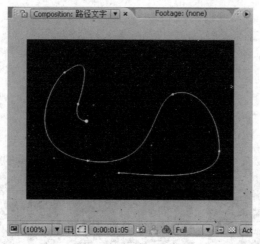

图　2-12

2.2.2　编辑路径文字特效

1）创建路径文本。方法为：选择固态层，执行菜单中的"Effect（效果）→Text（文本）→Path Text（路径文本）"命令，给它添加一个 Path Text（路径文本）特效。然后在弹出的"Path Text（路径文本）"对话框中输入文字"Adobe After Effects"，如图 2-13所示。单击"OK"按钮后，在"Effect Controls（效果控制）"面板中调节字符的颜色、大小、字间距等参数如图 2-14 所示。

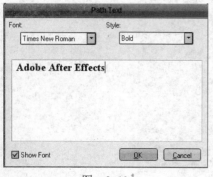

图　2-13

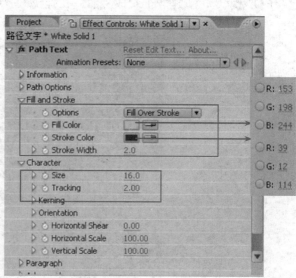

图　2-14

2）将刚才绘制的路径指定给文字。展开 Path Options（路径选项），设置参数如图 2-15 所示。结果如图 2-16 所示。

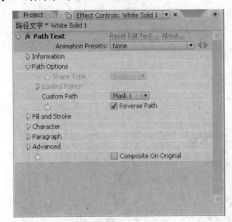

图　2-15　　　　　　　　　　　　　图　2-16

3）拖动时间线，此时文字是静止的，下面制作文字沿路径运动动画。展开"Paragraph（参数）"，分别在第 0 帧和第 30 帧设置"Left Margin"关键帧参数，如图 2-17 所示。

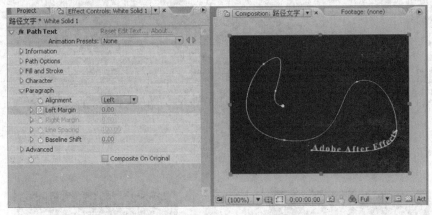

a)

b)

图　2-17

4）设置文字的起伏变化。展开"Advanced（进一步）"，设置"Jitter Settings（抖动设置）"的参数。我们需要的是文字开始抖动，最后水平静止。方法为：分别在第 30 帧和第 35 帧设置"Jitter Settings"关键帧参数，如图 2-18 所示。效果如图 2-19 所示。

提示：Jitter Settings 共有 4 个参数设置，各参数作用如下。

① Baseline Jitter Max：定义字母间上下错位的最大值。

② Kerning Jitter Max：定义字母间字间距的最大数值。

③ Rotation Jitter Max：定义字母旋转的最大数值。

④ Scale Jitter Max：定义字母缩放的最大数值。

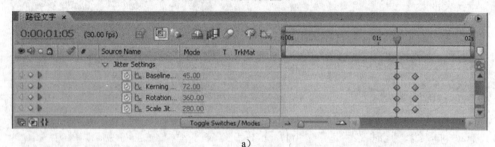

a)

b)

图 2-18

a)

b)

图 2-19

5）此时文字出现的有些唐突，下面制作文字由小变大逐渐出现的效果。展开"Character（特征）"，在第 0 帧设置"Size（字号）"的数值为"0"，如图 2-20 所示。然后在第 30 帧设置"Size（字号）"的数值为"16"，如图 2-21 所示。

6）为了效果更真实，在"Timeline（时间线）"窗口上激活运动模糊按钮，打开运动模糊开关，如图 2-22 所示。结果如图 2-23 所示。

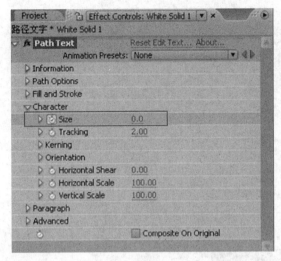

图 2-20

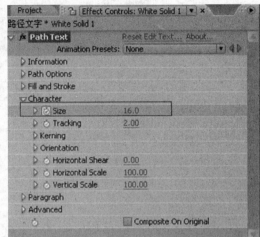

图 2-21

图 2-22

图 2-23

2.2.3 打包文件，渲染输出

1）执行菜单中的"File→Save"命令，保存文件。再执行菜单中的"File→Collect Files"命令，将文件打包。

2）执行菜单中的"File→Export→Quick Time"命令，将"路径文字"渲染输出。

AE 能力拓展

制作如图 2-24 所示的路径文字效果。

图 2-24

2.3 案例 3 神秘国度

知识要点

1）Ramp（渐变斜面）特效。
2）Curves（曲线）特效。
3）Bevel Alpha（导角）特效。

效果预览

本案例效果预览图如图 2-25 所示。

图 2-25

操作步骤

2.3.1 创建合成文件

新建一个合成文件，在菜单中选择“Composition（合成）→New Composition（新建合成）”命令，新建一个合成。然后在弹出的“Composition Settings（合成图像设置）”对话框中设置参数，如图 2-26 所示，单击“OK”按钮，完成设置。

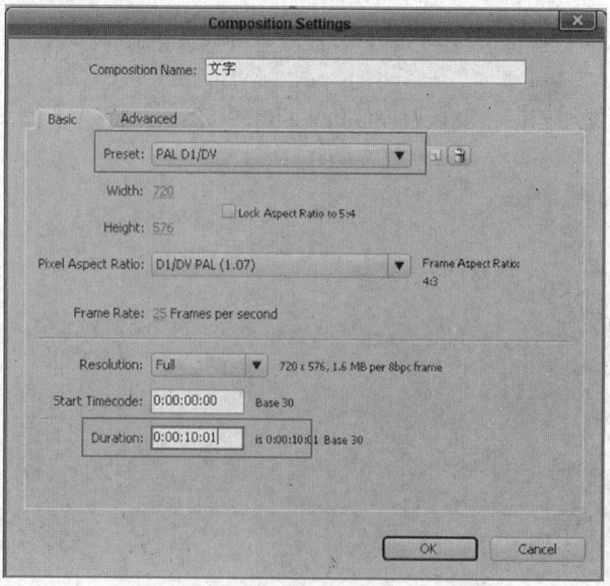

图 2-26

2.3.2　创建金属文字效果

1）创建文字。执行菜单中的"Layer（图层）→New（新建）→Text（文本）"命令，在合成窗口中输入"神秘国度"，在"Character（特征）"面板中设置参数，如图 2-27 所示。结果如图 2-28 所示。

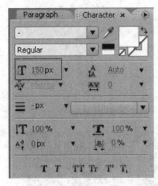

图　2-27

图　2-28

2）对文字进行渐变处理。在"时间线"窗口中，选择步骤 1）中新建的文字层，然后执行菜单中的"Effect（效果）→Generate（渲染）→Ramp（渐变斜面）"命令，给它添加一个 Ramp（渐变斜面）特效。接着在"Effect Controls（效果控制）"面板中设置参数，如图 2-29 所示。结果如图 2-30 所示。

图　2-29

图　2-30

3）对文字进行立体处理。在"神秘国度"层上执行菜单中的"Effect（效果）→Perspective（透视）→Bevel Alpha（倒角）"命令，给它添加一个 Bevel Alpha（倒角）特效。然后在"Effect Controls（效果控制）"面板中设置参数，如图 2-31 所示。结果如图 2-32 所示。

图　2-31

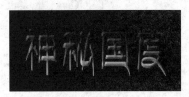

图　2-32

4）对文字进行曲线处理。执行菜单中的"Effect（效果）→Color Correction（色彩校正）→Curves（曲线）"命令，给它添加一个 Curves（曲线）特效。然后在"Effect Controls（效果控制）"面板中，展开"Curves"栏，在曲线上增加 3 个控制点，并调整控制点的位置，如图 2-33 所示。结果如图 2-34 所示。

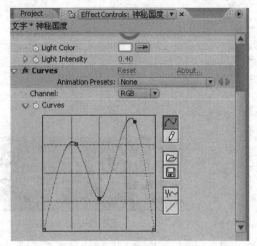

图 2-33 图 2-34

5）在"Timeline（时间线）"窗口中，选择"神秘国度"层，按<Ctrl+D>组合键两次，从而复制出"神秘国度 2"和"神秘国度 3"，如图 2-35 所示。

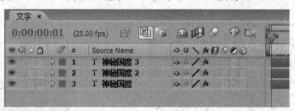

图 2-35

6）展开"神秘国度 3"层的 Bevel Alpha（倒角）效果的"Light Angle（灯光角度）"属性栏，将时间线移至第 0 帧的位置，打开关键帧记录器，将数值设为"-70"，如图 2-36所示。然后将时间线移至第 10s 的位置，将"Light Angle（灯光角度）"值设为"100"，如图 2-37 所示。

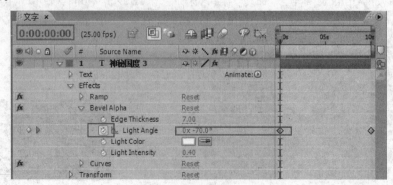

图 2-36

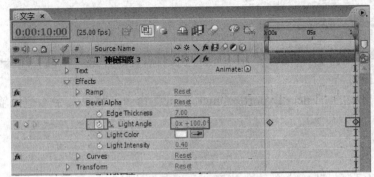

图 2-37

7）同理，展开"神秘国度 2"层的 Bevel Alpha（倒角）效果的"Light Angle（灯光角度）"属性栏，将时间线移至第 0 帧的位置，打开关键帧记录器，将数值设为"50"，然后将时间线移至第 10s 的位置，将"Light Angle（灯光角度）"值设为"-20"。通过改变灯光照射的方向，从而改变字体的阴影与高光的交互变化，产生光影流动的效果。

8）在"时间线"窗口中，打开"层模式"面板。分别将"神秘国度 2"、"神秘国度 3"的层模式设置为"Soft Light（柔化）"模式与"Add（加色）"模式，如图 2-38 所示。结果如图 2-39 所示。

图 2-38

图 2-39

9）此时，文字的金属质感已经显示出来。为了便于观看，为其添加一个彩色的背景。执行菜单中的"Layer（图层）→New（新建）→Solid（固态层）"命令，在弹出的对话框中进行参数设置，如图 2-40a 所示。单击"OK"按钮后，将"背景"层放置到最底层，如图 2-40b 所示。

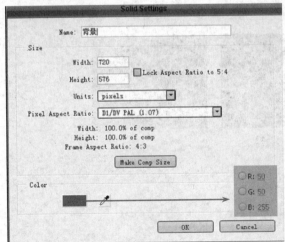

a）

b）

图 2-40

2.3.3 打包文件，渲染输出

1）执行菜单中的"File→Save"命令，保存文件。再执行菜单中的"File→Collect Files"命令，将文件打包。

2）执行菜单中的"File→Export→Quick Time"命令，将"文字"渲染输出。

能力拓展

制作文字"银河舰队"的金属字效果，如图 2-41 所示。

图 2-41

2.4 案例4 流光溢彩

知识要点

1）矢量绘图特效的设定。

2）体积光特效的调节。

效果预览

本案例效果预览图如图 2-42 所示。

图 2-42

操作步骤

2.4.1 创建合成文件

1）新建一个合成文件，在菜单中选择"Composition（合成）→New Composition（新建合成)"命令,新建一个合成。然后在弹出的"Composition Settings(合成图像设置)"对话框中设置参数,如图 2-43 所示,单击"OK"按钮,完成设置。

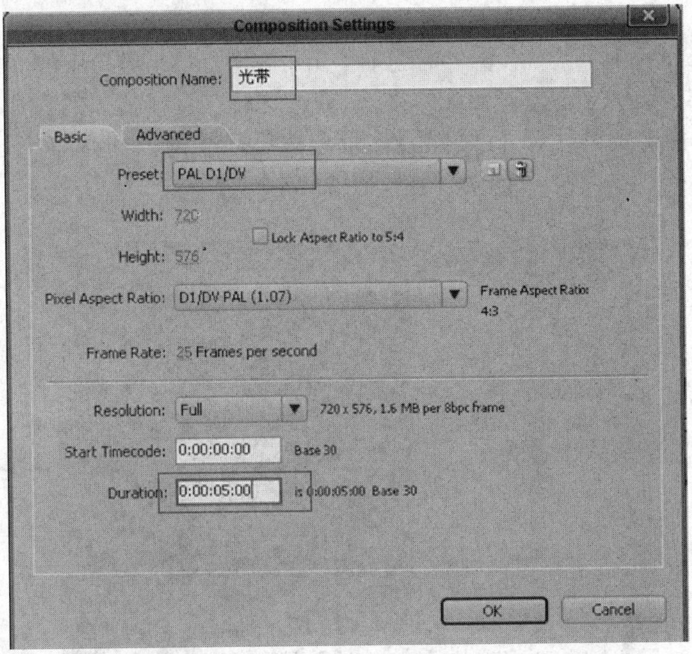

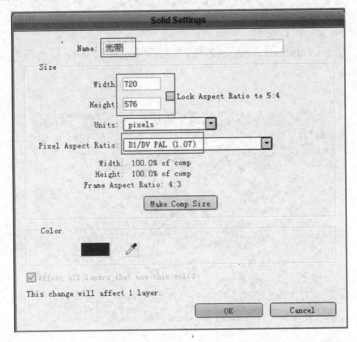

图 2-43

2)单击菜单中的"Layer(图层)→New(新建)→Solid(固态层)"命令,新建一个固态图层并取名为"光带",设置参数如图 2-44 所示。

图 2-44

2.4.2 设定矢量绘图特效

1）在"Timeline（时间线）"窗口中选中"光带"层，单击菜单中的"Effect（效果）→ Paint（绘画）→Vector Paint（矢量绘画）"命令，这时在合成窗口的左边会出现一排画笔工具，单击合成窗口工具栏最上面的 ⊙ 三角形按钮，在弹出的菜单中选择"Shift-Paint Records→Continuously"命令，如图 2-45 所示。

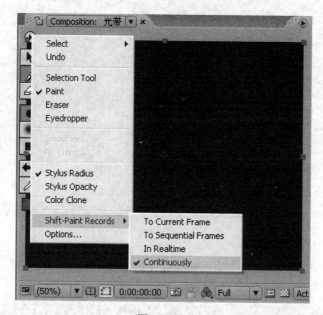

图 2-45

2）然后在"Effect Controls（效果控制）"面板中将 Color 设置为蓝色，其他参数设置如图 2-46 所示。

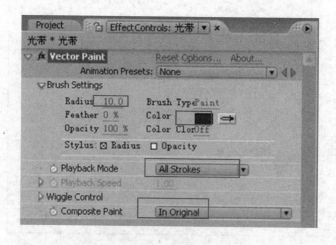

图 2-46

3）确认时间指示器在 0s 处，使用 Vector Paint 工具在合成窗口绘制几条线条，在绘制的时候可以改变画笔的大小和颜色，以制作更丰富的效果，绘制完毕后的合成窗口如图 2-47 所示。

4）在"Effect Controls（效果控制）"面板中调节参数如图 2-48 所示，此时的合成窗口如图 2-49 所示，按<0>键预览，会看到彩带舞动的效果。

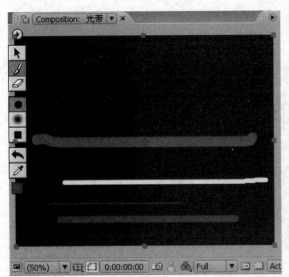

图 2-47

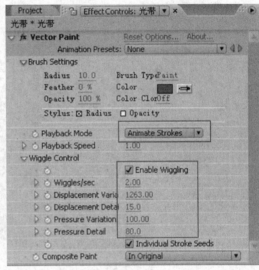

图 2-48

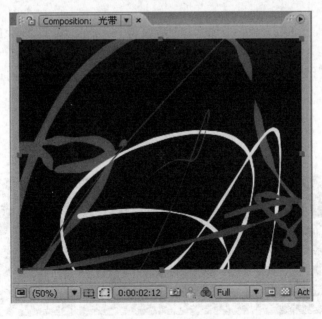

图 2-49

2.4.3 添加体积光特效

单击菜单中的"Effect（效果）→Trapcode（光效）→Shine（体积光）"命令，添加一个 Shine（体积光）特效，在"Effect Controls（效果控制）"面板中设置参数，如图 2-50 所示。此时的合成窗口如图 2-51 所示。

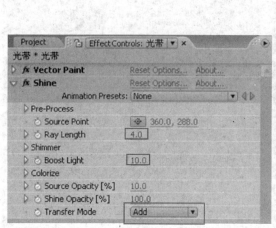

图 2-50

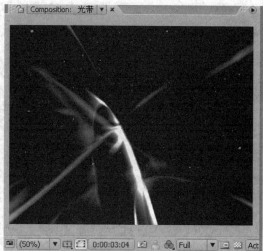

图 2-51

2.4.4 打包文件，渲染输出

1）执行菜单中的"File→Save"命令，保存文件。再执行菜单中的"File→Collect Files"命令，将文件打包。

2）执行菜单中的"File→Export→Quick Time"命令，将"光带"渲染输出。

AE 能力拓展

制作如图 2-52 所示的弯曲的光线效果。

图 2-52

2.5　案例 5 水墨丹青

1）水墨画效果的制作。
2）画轴展开动画的制作。

本案例效果预览图如图 2-53 所示。

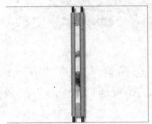

图　2-53

2.5.1　制作水墨画效果

1）启动 After Effects CS3 软件。
2）按<Ctrl+N>组合键，新建一个合成，在弹出的"Composition Settings"对话框中设置参数，如图 2-54 所示。

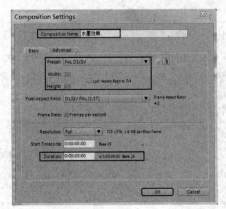

图　2-54

3）按<Ctrl+I>组合键，导入本书的"配套素材"\"案例素材"\"提高篇"\"2.5 水墨丹青"\Footage\"水乡.jpg"图片。

4）将"水乡.jpg"从"Project"项目面板拖放到"Timeline"时间线窗口中，按<Ctrl+Alt+F>组合键，使图片的尺寸与合成窗口的尺寸相匹配。

5）提高图片的亮度和对比度。选择"水乡"层，选择菜单中的"Effect→Color Correction→Brightness&Contrast"命令，给图层添加特效。在"Effects Controls"特效面板中设置参数，如图 2-55 所示。

图　2-55

6）为图片去色，形成淡彩效果。选择"水乡"层，选择菜单中的"Effect→Color Correction→Hue/Saturation"命令，给图层添加特效。在"Effects Controls"特效面板中设置参数，如图 2-56 所示。

图　2-56

7）使画面呈现色块的效果。选择菜单中的"Effect→Noise&Grain→Median"命令，给图层添加特效。在"Effects Controls"特效面板中设置参数，如图 2-57 所示。

图　2-57

8）再次提高图片的对比度。选择菜单中的"Effect→Color Correction→Levels"命令，给图层添加特效。在"Effects Controls"特效面板中设置参数，如图2-58所示。

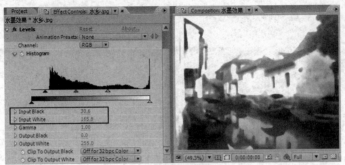

图　2-58

9）制作描边效果。选中"Timeline"时间线窗口中的"水乡"层，按<Ctrl+C>组合键复制图层，再按<Ctrl+V>组合键粘贴图层，并将上方的图层命名为"描边"，如图2-59所示。选中"描边"层，在特效面板中分别选中"Median"特效和"Levels"特效，按<Delete>键将其删除。

图　2-59

选中"描边"层，选择菜单中的"Effect→Stylize→Find Edges"命令，给图层添加特效。在"Effects Controls"特效面板中设置参数，如图2-60所示。

图　2-60

10）调整"描边"层的对比度。选择菜单中的"Effect→Color Correction→Levels"命令，给"描边"层添加特效。在"Effects Controls"特效面板中设置参数，如图2-61所示。

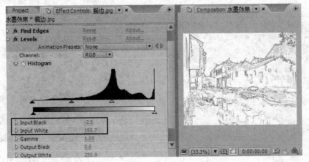

图　2-61

11）对"描边"层进行抠白。选择菜单中的"Effect→Keying→Linear Color Key"命令，给图层添加特效。在"Effects Controls"特效面板中设置 Key Color 的值为 RGB（255，255，255），如图 2-62 所示。注：为观察效果，我们将合成的背景设置成透明，并暂时隐藏"水乡"图层。

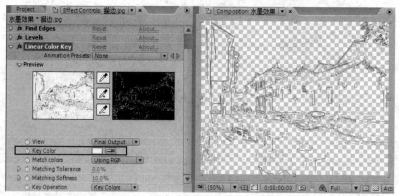

图 2-62

12）制作线条周围的水晕效果。选中"描边"层，选择菜单中的"Effect→Stylize→Glow"命令，给图层添加特效。在"Effects Controls"特效面板中设置参数，如图 2-63 所示。

图 2-63

13）设置图层混合模式。选中"描边"层，将"描边"层的图层混合模式设置成"Multiply"，如图 2-64 所示。效果如图 2-65 所示。

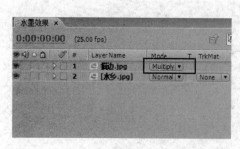

图 2-64

图 2-65

2.5.2 制作画轴展开效果

1）按<Ctrl+N>组合键，新建一个合成，在弹出的"Composition Setting"对话框中设置参数，如图 2-66 所示。

2）按<Ctrl+I>组合键，导入本书的"配套素材"\"案例素材"\"提高篇"\"2.5 水墨丹青"\Footage\"画轴.psd"图片。导入方式如图 2-67 所示。

图 2-66

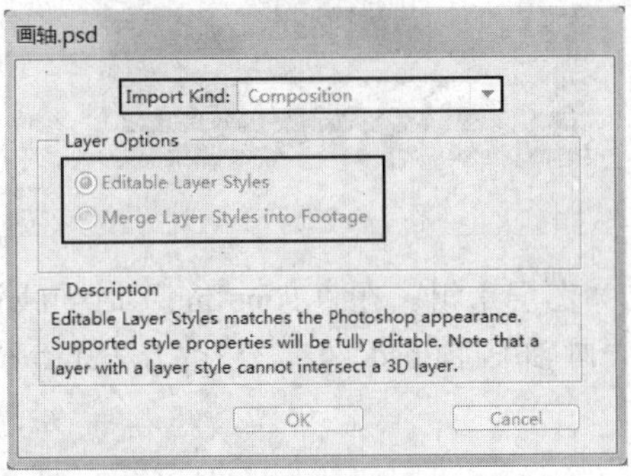

图 2-67

3）在"Project"项目面板中同时选中"右轴/画轴.psd"、"左轴/画轴.psd"和"画轴/画轴.psd"图片，将其拖放到"Timeline"时间线窗口中，按<Ctrl+Alt+F>组合键，使图片的尺寸与合成窗口的尺寸相匹配。并调整图片的层次关系，如图 2-68 所示。

4）在"Project"项目面板中选中"水墨效果"合成，将其拖放到"画轴展开"合成中，放置在"画轴/画轴.psd"的上方，进行合成嵌套，如图 2-69 所示。

5）选中"画轴/画轴.psd"层，按<S>键展开图层的缩放属性，设置"Scale"的值为"64%"，如图 2-70 所示。效果如图 2-71 所示。

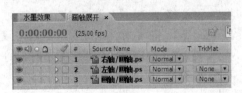

图 2-68

图 2-70

图 2-71

图 2-69

6）制作画面的羽化效果。选中"水墨效果"层，选择工具栏中的钢笔工具 🖊️，绘制 Mask，如图 2-72 所示。然后双击<M>键，展开 Mask 属性，在"Timeline"窗口中调节 Mask 的参数，如图 2-73 所示。并将"水墨效果"层的图层混合模式设置为"Multiply"，以去除图片上的白色区域。

图 2-72

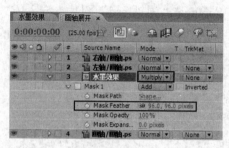

图 2-73

7）图层重组。在"Timeline"时间线窗口中，按住<Shift>键的同时选中"水墨效果"层和"画轴/画轴.psd"层，按<Ctrl+Shift+C>组合键进行图层重组，如图 2-74 所示。

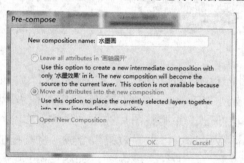

图 2-74

8）制作画轴展开动画。选中"水墨画"层，选中工具栏中的矩形遮罩工具绘制 Mask，如图 2-75 所示。双击<M>键，打开 Mask 属性，将时间轴移到 2s 处，单击 Mask Shape 选项前的码表设置关键帧，如图 2-76 所示；再按<Home>键，将时间轴移动到 0s 处，双击 Mask 的边缘使 Mask 处于编辑状态，如图 2-77 所示。按<Ctrl>键和<Alt>键的同时，拖动鼠标，对 Mask 进行变形处理，如图 2-78 所示。直至如图 2-79 所示。

按<0>键，可以看到画面从中间展开的动画效果。

图 2-75

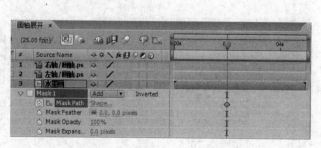

图 2-76

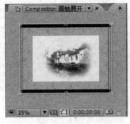

图 2-77　　　　　　　　图 2-78　　　　　　　　图 2-79

9）制作画轴运动动画。在"Timeline"时间线窗口中，按住<Shift>键的同时选中"右轴/画轴.psd"和"左轴/画轴.psd"，按<P>键展开位移属性。将时间轴移动到 2s 处，单击"Position"选项前的码表，设置关键帧，如图 2-80 所示。

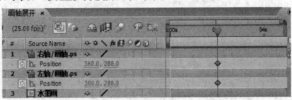

图　2-80

再按<Home>键，将时间轴移动到 0s 处，分别设置图层的位置参数，如图 2-81 所示。

图　2-81

按<0>键，预览动画，看到画轴从中间向两侧展开。

2.5.3　制作最终效果

1）按<Ctrl+N>组合键，新建一个合成，在弹出的"Composition Settings"对话框中设置参数，如图 2-82 所示。

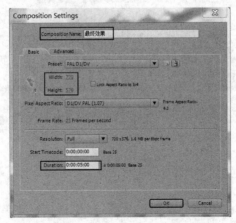

图　2-82

2）按<Ctrl+Y>组合键，新建一个白色固态层，参数如图2-83所示。

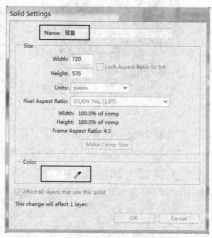

图　2-83

3）在"Project"项目面板中选中"画轴展开"合成，将其拖放到"最终效果"合成中。选择菜单中的"Effect→Perspective→Drop Shadow"命令，给图层添加特效。在"Effects Controls"特效面板中设置参数，如图2-84所示。

4）选择工具栏中的竖排文本工具 T，输入文字"水乡风韵"，在"Character"字符面板中设置参数如图2-85所示。效果如图2-86所示。

5）设置文字的淡入效果。选中"水乡风韵"层，按<T>键，打开"Opacity"不透明度属性，在2s处设置为0%，在3s处设置为100%，如图2-87所示。

6）按<0>键，预览动画。

图　2-84　　　　　图　2-85　　　　　图　2-86

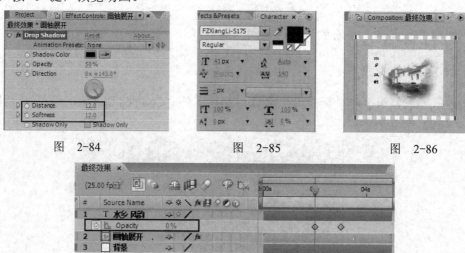

图　2-87

2.5.4　打包文件，渲染输出

1）执行菜单中的"File→Save"命令，保存文件。再执行菜单中的"File→Collect Files"命令，将文件打包。

2）执行菜单中的"File→Export→Quick Time"命令，将"最终效果"渲染输出。

AE 能力拓展

制作如图 2-88 所示的水墨效果。

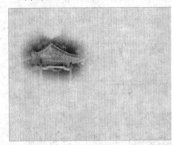  

图　2-88

2.6　案例 6 爆炸文字

AE 知识要点

1）Shatter 特效制作爆炸文字效果。
2）Shine 特效制作光效。

AE 效果预览

本案例效果预览图如图 2-89 所示。

图　2-89

AE 操作步骤

2.6.1　创建文字

1）启动 After Effects CS3 软件。

2）按<Ctrl+N>组合键，新建一个合成，在弹出的"Composition Setting"对话框中设置参数，如图 2-90 所示。

3）选择工具栏中的文本工具 **T**，在合成窗口中输入文字"After Effect CS3"。在"Character"字符面板中设置文字的颜色为 RGB（220，250，255），其他参数设置如图 2-91 所示。

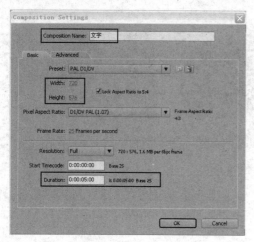

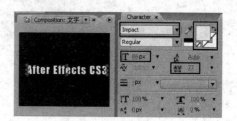

图　2-90 　　　　　　　　　　　　　　　　　图　2-91

2.6.2　制作渐变合成

1）按<Ctrl+N>组合键，新建一个合成，在弹出的"Composition Settings"对话框中设置参数，如图 2-92 所示。

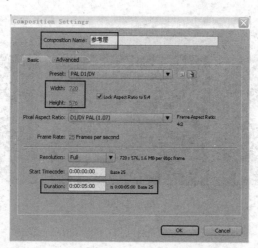

图　2-92

2）按<Ctrl+Y>组合键，新建一个黑色固态层，如图 2-93 所示。

3）选中"渐变"层，选择菜单栏中的"Effect→Generate→Ramp"命令，为图层添加特效。在特效控制面板中将"Start Color"设置为黑色，将"End Color"设置为白色，其他参数设置如图 2-94 所示。

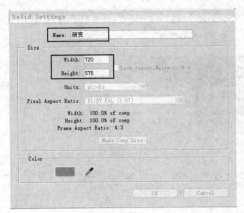

图　2-93　　　　　　　　　　　　　　　　　　　图　2-94

2.6.3　制作文字爆炸效果

1）按<Ctrl+N>组合键，新建一个合成，在弹出的"Composition Setting"对话框中设置参数，如图 2-95 所示。

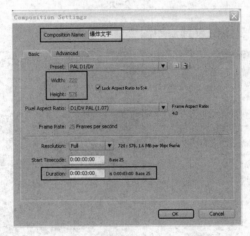

图　2-95

2）按<Ctrl+Y>组合键，新建一个黑色固态层，命名为"背景"。选择菜单栏中的"Effect→Generate→Ramp"命令，为图层添加特效。在特效控制面板中将"Start Color"设置为 RGB（0，0，0），将"End Color"设置为 RGB（3，78，113），其他参数设置如图 2-96 所示。

图　2-96

3）在项目面板中分别选中"文字"合成和"参考层"合成，将其拖到时间线窗口中，调整图层的位置，并关闭"参考层"的显示按钮，如图 2-97 所示。

图 2-97

4）选中"文字"层，选择菜单栏中的"Effect→Simulation→Shatter"命令，为图层添加特效。预览动画，效果如图 2-98 所示。

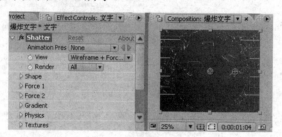

图 2-98

5）在特效面板中进行参数的设置，如图 2-99 所示。预览动画，看到文字从中心处爆炸。

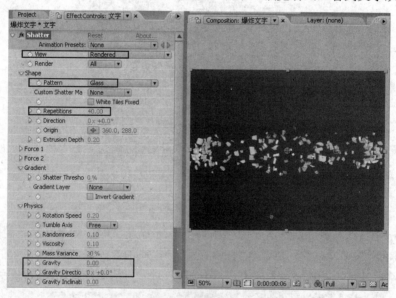

图 2-99

6）调整爆炸的方向。将"Gradient Layer"选项设置为"参考层"。并勾选"Invert Gradient"选项，如图 2-100 所示。

7）在时间线窗口中，将时间轴移到 0s 处，展开"Shatter"特效，分别单击"Force 1"下的"Position"选项、"Gradient"下的"Shatter Threshold"选项、"Physics"下的"Gravity"和"Gravity Direction"选项前的码表，设置关键帧，并设定参数如图 2-101 所示。

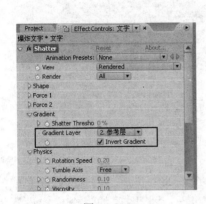

图 2-100

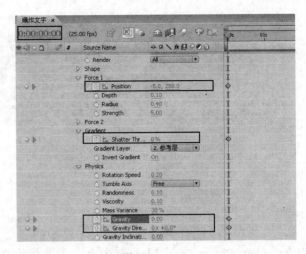

图 2-101

再将时间轴移到 2s 处，设置各项参数如图 2-102 所示。

8）选中"文字"层，选择菜单栏中的"Effect→Trapcode→Shine"命令，为图层添加特效，在特效面板中设置参数如图 2-103 所示。

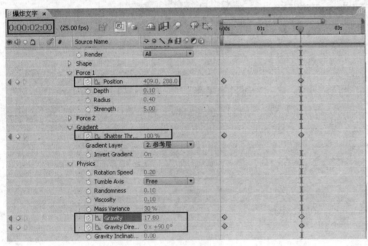

图 2-102   图 2-103

9）将时间轴移到 0s 处，设定关键帧，如图 2-104 所示。

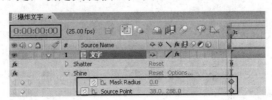

图 2-104

再将时间轴移到 1s20 帧处，设置参数如图 2-105 所示。

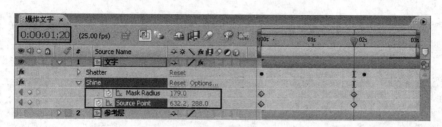

图 2-105

2.6.4 制作光晕效果

1）按<Ctrl+Y>组合键，新建一个黑色的固态层，命名为"光晕"。选择菜单栏中的"Effect→Generate→Lens Flare"命令，为图层添加特效，并将图层的混合模式设置为"Add"，设置参数如图 2-106 所示。

图 2-106

2）选中"光晕"层，将时间轴移到 0s 处，在时间线窗口中展开"Lense Flare"特效，单击"Flare Center"选项前的码表，设置关键帧；再将时间轴移动到 2s10 帧处，设置"Flare Center"的参数值为 848.0、292.4，如图 2-107 所示。

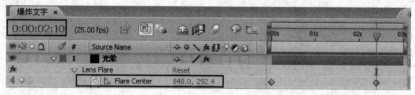

图 2-107

2.6.5 打包文件，渲染输出

1）执行菜单中的"File→Save"命令，保存文件。再执行菜单中的"File→Collect Files"命令，将文件打包。

2）执行菜单中的"File→Export→Quick Time"命令，将"爆炸文字"渲染输出。

能力拓展

制作如图 2-108 所示的文字爆炸效果。

图　2-108

2.7　案例 7 数码时代

AE 知识要点

1）简单背景的制作。
2）文字预设动画的使用。
3）文字雨的制作。

AE 效果预览

本案例效果预览图如图 2-109 所示。

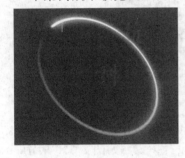

图　2-109

AE 操作步骤

2.7.1　制作背景

1）启动 After Effects CS3 软件。
2）按<Ctrl+N>组合键，新建一个合成，在弹出的"Composition Setting"对话框中设置参数，如图 2-110 所示。
3）按<Ctrl+Y>组合键，新建一个黑色固态层，参数如图 2-111 所示。

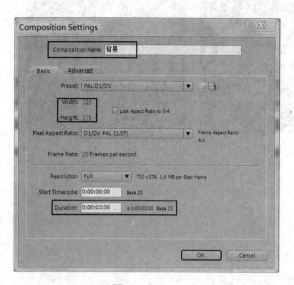

图　2-110

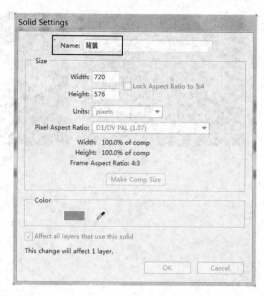

图　2-111

4）制作渐变背景。选中"背景"层，选择菜单中的"Effect→Generate→Ramp"命令，给图层添加特效。在"Effects Controls"特效面板中设置参数，"Start Color"的值为 RGB（0，51，120），"End Color"的值为 RGB（16，46，233），如图 2-112 所示。

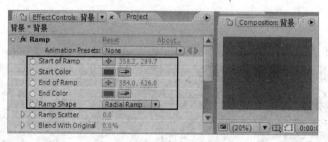

图　2-112

5）制作背景纹理。选中"背景"层，选择菜单中的"Effect→Transition→Venetian Blinds"命令，给图层添加特效。在"Effects Controls"特效面板中设置参数，如图 2-113 所示。

图　2-113

6）按<Ctrl+Y>组合键，新建一个黑色固态层，参数如图 2-114 所示。

7）选中"光环"层，选择工具栏中的椭圆遮罩工具，绘制椭圆遮罩，如图 2-115 所示。

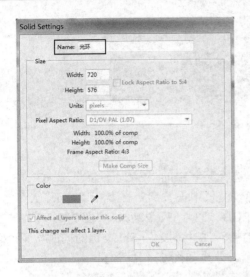

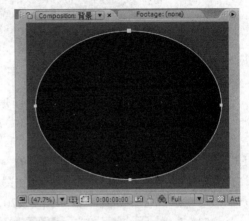

图 2-114   图 2-115

8）选中"光环"层，选择菜单中的"Effect→Generate→Vegas"命令，给图层添加特效。在"Effects Controls"特效面板中设置参数，如图 2-116 所示。

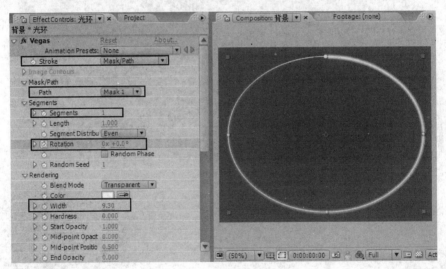

图 2-116

9）制作光环动态效果。将时间轴移到 0s 处，单击"Rotation"选项前的码表，设置关键帧，如图 2-117 所示；再将时间轴移动到 3s 处，设置"Rotation"的值为"2x"，如图 2-118 所示。

图 2-117

图 2-118

按<0>键，预览动画，看到光环旋转的效果。

10）制作光环发光效果。选中"光环"层，选择菜单中的"Effect→Stylize→Glow"命令，给图层添加特效。在"Effects Controls"特效面板中设置参数，其中"Color A"的值为 RGB（255、255、255），"Color B"的值为 RGB（224、3、224），如图 2-119 所示。

11）选中"光环"层，按<R>键，打开图层的旋转属性；按住<Shift>键的同时按下<S>，打开图层的缩放属性，设置参数如图 2-120 所示。效果如图 2-121 所示。

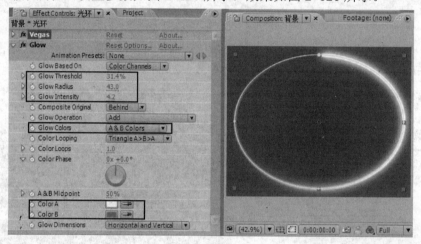

图 2-119

图 2-120

图 2-121

2.7.2 制作文字雨效果

1）按<Ctrl+N>组合键，新建一个合成，在弹出的"Composition Setting"对话框中设置参数，如图 2-122 所示。

2）按<Ctrl+Y>组合键，新建一个黑色固态层，参数如图 2-123 所示。

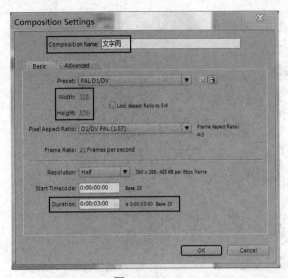

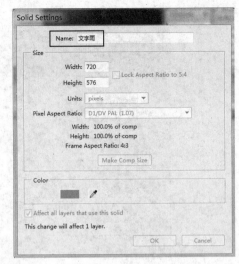

图 2-122　　　　　　　　　　　　　　　图 2-123

3）制作文字雨效果。选中"文字雨"层，选择菜单中的"Effect→Simulation→Particle Playground"命令，给图层添加特效。按<0>键，可以看到粒子效果。

4）在"Effect Controls"特效面板中单击"Options"选项，如图 2-124 所示，打开如图 2-125 所示的对话框。再单击"Edit Cannon Text"选项，打开文本编辑器，设置参数如图 2-126 所示。

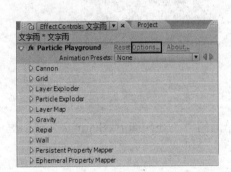

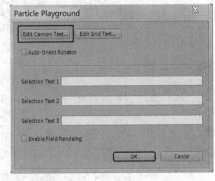

图 2-124　　　　　　　　　　　　　　　图 2-125

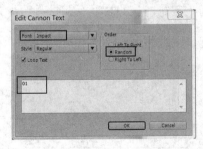

图 2-126

5）在"Effect Controls"特效面板中设置"Particle Playground"的参数，如图 2-127 所示。

6）制作拖尾效果。选中"文字雨"层，选择菜单栏中的"Effect→Time→Echo"命令，给图层添加特效，参数设置如图 2-128 所示。

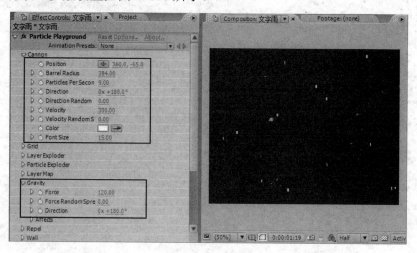

图　2-127

图　2-128

2.7.3　制作文字动画

1）按<Ctrl+N>组合键，新建一个合成，在弹出的"Composition Settings"对话框中设置参数，如图 2-129 所示。

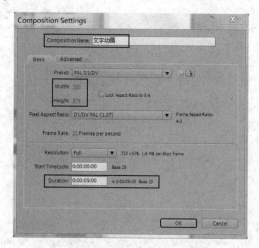

图　2-129

2）选择工具栏中的横排文本工具 T ，输入文字"数码科技"，在"Character"字符面板中设置参数如图 2-130 所示。

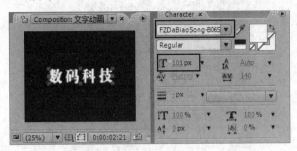

图　2-130

3）制作文字动画效果。选中"数码科技"层，按<Home>键将时间轴移到 0s 处，选择菜单栏中的"Animation→Apply Animation Preset"命令，为文字层添加"Rainning Character In.ffx"预置动画，如图 2-131 所示。按<0>键，预览动画，如图 2-132 所示。

图　2-131

图　2-132

4）选中"数码科技"层，按<U>键，可以看到有两个关键帧，将第二个关键帧移到 1s15 帧处，如图 2-133 所示。

图　2-133

5）选中"数码科技"层，选择菜单中的"Effect→Generate→4-Color Gradient"命令，给图层添加特效。在"Effects Controls"特效面板中设置参数，如图 2-134 所示。

6）制作渐变动画效果。将时间轴移动到 0s 处，单击"Point 1"选项的码表设置关键帧，再将时间轴移动到 2s18 帧处，设置参数为（380、234）。

7）制作阴影效果。选中"数码科技"层，选择菜单中的"Effect→Perspective→Drop Shadow"

命令，给图层添加特效。在"Effects Controls"特效面板中设置参数，如图 2-135 所示。

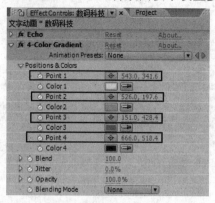

图 2-134

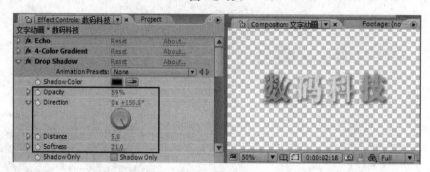

图 2-135

8）制作倒角效果。选中"数码科技"层，选择菜单中的"Effect→Perspective→Bevel Alpha"命令，给图层添加特效。在"Effects Controls"特效面板中设置参数，如图 2-136 所示。

9）制作发光效果。选中"数码科技"层，选择菜单中的"Effect→Stylize→Glow"命令，给图层添加特效，参数不变。

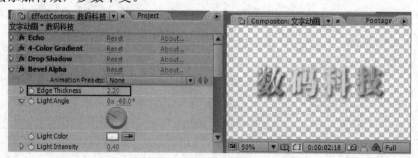

图 2-136

2.7.4 制作最终效果

1）按<Ctrl+N>组合键，新建一个合成，在弹出的"Composition Settings"对话框中设置参数，如图 2-137 所示。

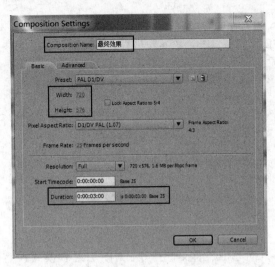

图 2-137

2）将项目面板中的"背景"、"文字雨"、"文字动画"合成拖动到"最终效果"中，各个图层的位置关系如图 2-138 所示，并将"文字雨"层的不透明度设置为 45%。

图 2-138

3）按<Ctrl+Y>组合键，新建一个黑色固态层，参数如图 2-139 所示。并将其放置在"文字动画"的下层。

图 2-139

4）选中"渐变"层，选择菜单中的"Effect→Generate→Ramp"命令，给图层添加特效。在"Effects Controls"特效面板中设置参数,"Start Color"的值为 RGB（248，228，3），"End Color"的值为 RGB（0，108，255），如图 2-140 所示。

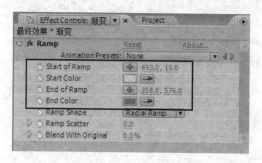

图　2-140

5）设置图层混合模式。选中"渐变"层，将其图层混合模式设置为"Hue"，如图 2-141 所示。

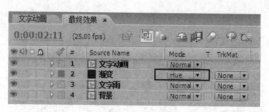

图　2-141

2.7.5　打包文件，渲染输出

1）执行菜单中的"File→Save"命令，保存文件。再执行菜单中的"File→Collect Files"命令，将文件打包。

2）执行菜单中的"File→Export→Quick Time"命令，将"最终效果"渲染输出。

AE 能力拓展

制作如图 2-142 所示的"浪漫花雨"片头效果。

图　2-142

2.8 案例 8 蓝调剧场

知识要点

1）空物体层。
2）父子关系。

效果预览

本案例效果预览图如图 2-143 所示。

图 2-143

操作步骤

2.8.1 制作场景 1

1）启动 After Effects CS3 软件。

2）按<Ctrl+N>组合键，新建一个合成，在弹出的"Composition Settings"对话框中设置参数，如图 2-144 所示。

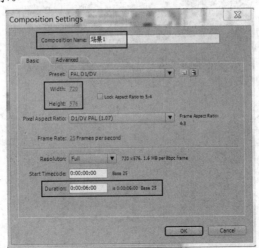

图 2-144

3）按<Ctrl+I>组合键，导入本书的"配套素材"\"案例素材"\"提高篇"\"2.8 蓝调剧场"\"花纹 1.psd"和"花纹 2.psd"图片。

4）按<Ctrl+Y>组合键，新建一个固态层，固态层颜色为 RGB（73、214、206），如图 2-145 所示。

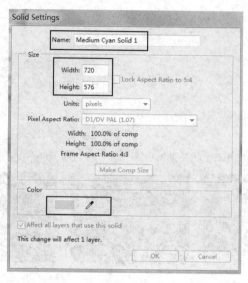

图 2-145

5）选中固态层，选择工具栏中的椭圆遮罩工具，在合成窗口中绘制如图 2-146 所示的遮罩 Mask。

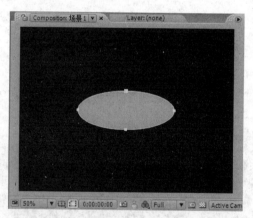

图 2-146

6）选中固态层，双击<M>键，打开 Mask 属性，设置参数如图 2-147 所示。

图 2-147

7）制作 Mask 的缩放动画。选中固态层，将时间轴移到 0s 处，单击"Mask Expansion"选项前的码表，设置关键帧，并将"Mask Expansion"的值设置为"−36"；再将时间轴移到 1S 17 帧处，将"Mask Expansion"的值设置为"−32"。

8）制作 Mask 缩放动画的抖动效果。按<Alt>键的同时，单击"Mask Expansion"选项前的码表，打开表达式编辑器，输入表达式"mask("Mask1").maskExpansion=wiggle(4,9)"。如图 2-148 所示。

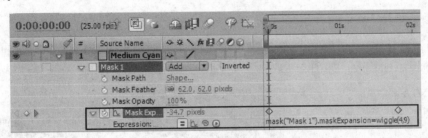

图 2-148

按<0>键，可以看到 Mask 缩放动画的抖动变化效果。

9）制作固态层的淡入淡出效果。选中固态层，按<T>键，打开"Opacity"属性。将时间轴移到 17 帧处，单击码表，并设置"Opacity"的参数值为 0%；再将时间轴移到 1s17 帧处，设置"Opacity"的参数值为 100%；再将时间轴移到 4s11 帧处，设置"Opacity"的参数值为 100%；再将时间轴移到 4s24 帧处，设置"Opacity"的参数值为 0%。

10）同步骤 3），按<Ctrl+Y>组合键，新建一个固态层，固态层颜色为 RGB（73、214、206），将其命名为"粒子"，如图 2-149 所示。

11）同步骤 4），选中固态层，选择工具栏中的椭圆遮罩工具，在合成窗口中绘制如图 2-150 所示的遮罩 Mask。

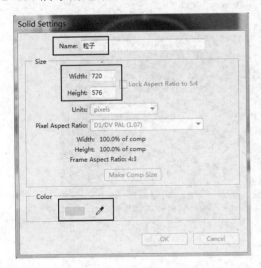

图 2-149

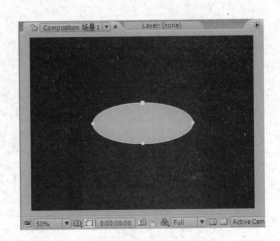

图 2-150

12）同步骤 5），选中固态层，双击<M>键，打开 Mask 属性，设置参数如图 2-151 所示。

图　2-151

13）制作粒子。选中"粒子"层，选择菜单中的"Effect→Simulation→CC Particle World"命令，给图层添加特效，如图 2-152 所示。预览动画看到粒子效果，如图 2-153 所示。

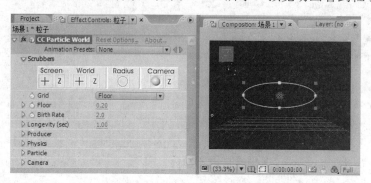

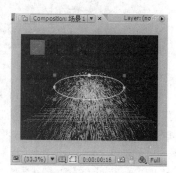

图　2-152　　　　　　　　　　　　　　　　　图　2-153

14）制作粒子形态。在"Effects Controls"特效面板中设置参数，如图 2-154 所示。

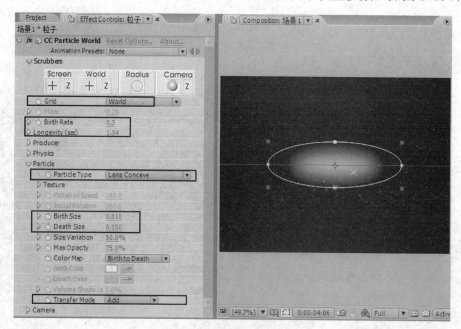

图　2-154

15）制作粒子的运动。在"Effects Controls"特效面板中设置参数，如图 2-155 所示。

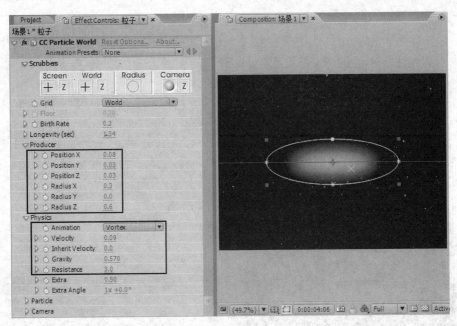

图 2-155

16）制作粒子淡出动画。选中"粒子"层，按<T>键，打开"Opacity"属性。将时间轴移到4s11帧处，单击码表，并设置"Opacity"的参数值为100%；再将时间轴移到4s25帧处，设置"Opacity"的参数值为0%。

17）将"花纹 1.psd"从"Project"项目面板中拖放到"Timeline"时间线窗口中，并将其移到如图 2-156 所示的位置。

18）选中"花纹 1"层，选择菜单中的"Effect→Generate→Ramp"命令，给图层添加特效。在"Effects Controls"特效面板中设置参数，"Start Color"的值为 RGB（11，244，253），"End Color"的值为 RGB（18，83，129），如图 2-157 所示。

图 2-156

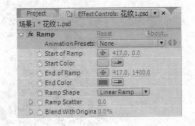

图 2-157

19）制作花纹发光效果。选中"花纹 1"层，选择菜单中的"Effect→Stylize→Glow"命令，给图层添加特效。参数不变。

20）制作花纹缩放动画。选中"花纹 1"层，按<S>键，展开 Scale 属性，在 0s 处设置

"Scale"的值为0%；在24帧处设置"Scale"的值为72%。

21）制作花纹淡出动画。选中"花纹 1"层，按<T>键，打开"Opacity"属性。将时间轴移到4s11帧处，单击码表，并设置"Opacity"的参数值为100%；再将时间轴移动到4s25帧处，设置"Opacity"的参数值为0%。

22）按<Ctrl+Y>组合键，新建一个白色固态层，将其命名为"矩形"。选择工具栏中的圆角矩形遮罩工具，在合成窗口中绘制如图2-158所示的遮罩Mask。

23）选中"矩形"层，选择菜单中的"Effect→Generate→Ramp"命令，给图层添加特效。在"Effects Controls"特效面板中设置参数，"Start Color"的值为RGB（11，244，255），"End Color"的值为RGB（6，52，202），如图2-159所示。

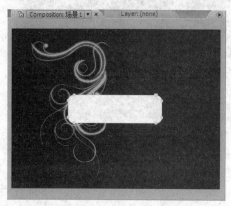

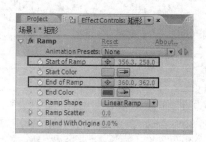

图 2-158

图 2-159

24）制作Mask的缩放动画。选中"矩形"层，双击<M>键，打开Mask属性。将时间轴移动到0s处，单击"Mask Expansion"选项前的码表，设置关键帧，并将"Mask Expansion"的值设置为"-56"；再将时间轴移动到24帧处，将"Mask Expansion"的值设置为"0"。

25）制作矩形淡出动画。选中"矩形"层，按<T>键，打开"Opacity"属性。将时间轴移到4s11帧处，单击码表，并设置"Opacity"的参数值为100%；再将时间轴移动到4s25帧处，设置"Opacity"的参数值为0%。

26）选择工具栏中的横排文本工具，输入文字"蓝调剧场"，文字颜色为RGB（6，26，127）在"Character"字符面板中设置参数如图2-160所示。

图 2-160

27）改变文字的中心点。选中文字层，选择工具栏中的轴心点工具，将文字的中心点移到文字的中心处，如图2-161所示。

图 2-161

28）制作文字缩放动画。选中文字层，按<S>键，展开 Scale 属性，在 0s 处设置"Scale"的属性如图 2-162 所示；在 0s24 帧处设置"Scale"的属性如图 2-163 所示。

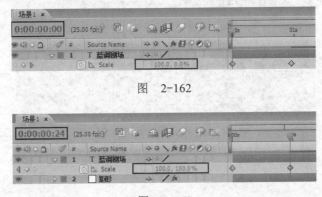

图 2-162

图 2-163

29）制作文字层的淡入淡出效果。选中文字层，按<T>键，打开"Opacity"属性。将时间轴移动到 0 帧处，单击码表，并设置"Opacity"的参数值为 0%；再将时间轴移动到 23 帧处，设置"Opacity"的参数值为 100%；再将时间轴移到 4s11 帧处，设置"Opacity"的参数值为 100%；再将时间轴移到 5s 处，设置"Opacity"的参数值为 0%。

30）选择菜单栏中的"Layer→New→Null Object"命令，创建空物体层 Null1。并关闭显示按钮。

31）打开各个图层的三维图层开关，并将"Null1"层做为父层，如图 2-164 所示。

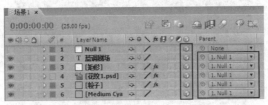

图 2-164

32）设置空物体层的动画。将时间轴移到 2s05 帧处，设置参数如图 2-165 所示。再将时间轴移到 3s04 帧处，设置参数如图 2-166 所示。

图 2-165

图 2-166

再将时间轴移到 3s12 帧处，设置参数如图 2-167 所示。

图 2-167

再将时间轴移到 5s10 帧处，设置参数如图 2-168 所示。

图 2-168

2.8.2 制作场景 2

1）按<Ctrl+N>组合键，新建一个合成，在弹出的"Composition Settings"对话框中设置参数，如图 2-169 所示。

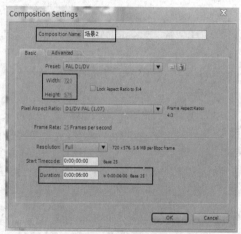

图 2-169

2）框选"场景 1"合成中的全部层，按<Ctrl+C>组合键进行复制；在"场景 2"合成中按组合<Ctrl+V>组合键粘贴。

3）替换素材。选中"场景 2"合成中的"花纹 1"图层，按住<Alt>键，将项目面板中的"花纹 2.psd"拖到"花纹 1"图层上，替换原有的素材，如图 2-170 所示。并调整其位置，如图 2-171 所示。

图 2-170

图 2-171

4）重新设置空物体层的动画。在 21 帧处，设置参数如图 2-172 所示。在 3s06 帧处，设置参数如图 2-173 所示。

图 2-172

图 2-173

2.8.3 制作最终效果

1）按<Ctrl+N>组合键，新建一个合成，在弹出的"Composition Settings"对话框中设置参数，如图 2-174 所示。

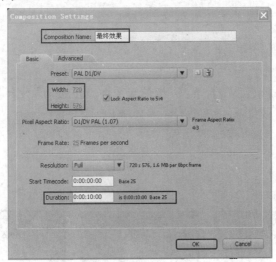

图 2-174

2）将"场景 1"合成和"场景 2"合成从项目面板中拖入到"最终效果"合成中，如图 2-175 所示。

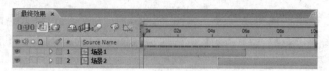

图 2-175

2.8.4 打包文件，渲染输出

1）执行菜单中的"File→Save"命令，保存文件。再执行菜单中的"File→Collect Files"命令，将文件打包。

2）执行菜单中的"File→Export→Quick Time"命令，将"最终效果"渲染输出。

AE 能力拓展

利用本案例介绍的"CC Particle World"特效制作"星光渐显文字"效果，如图 2-176 所示。

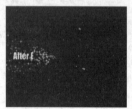  

图 2-176

2.9 案例 9 环绕地球的文字

AE 知识要点

本案例模仿环球电影公司的片头。介绍使用 CC Cylinder 特效和 CC Sphere 特效制作环绕地球旋转的文字动画效果。

AE 效果预览

本案例效果预览图如图 2-177 所示。

图 2-177

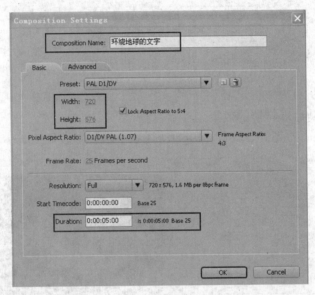（AE 操作步骤）

2.9.1 制作旋转的地球

1）启动 After Effects CS3 软件。

2）按<Ctrl+N>组合键，新建一个合成，在弹出的"Composition Settings"对话框中设置参数，如图 2-178 所示。

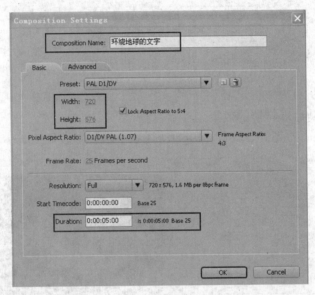

图 2-178

3）按<Ctrl+I>组合键，导入本书的"配套素材"\"案例素材"\"提高篇"\"2.9 环绕地球的文字"\Footage\"地球.jpg"图片。并将图片拖动到时间线窗口中。

4）选择"地球"图层，选择菜单栏中的"Effect→Perspective→CC Sphere"命令，给图层添加特效，效果如图 2-179 所示。

图 2-179

5）缩小球体的半径。在特效面板中将"Radius"选项的值设置为"140"。

6）制作地球自转效果。在时间线窗口中将时间轴移到 0s 处，展开"地球"图层，单击"Rotation Y"选项前的码表，设置关键帧，参数值为-115，如图 2-180 所示。再将时间轴移到 4s24 帧处，将"Rotation Y"选项的参数值设置为+100。

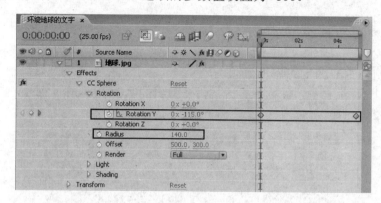

图 2-180

预览动画，看到地球自转的效果。

7）调整地球表面的亮度。展开"Light"选项，设置参数如图 2-181 所示。

图 2-181

2.9.2 制作环绕文字

1）单击工具栏中的文本工具 **T.**，在合成窗口中输入"UNIVERSAL"，文字颜色为白色，在字符面板中设置文字的属性如图 2-182 所示。

图 2-182

2）选中"UNIVERSAL"图层，选择菜单栏中的""Effect→Perspective→CC Cylinder"命令，给图层添加特效，效果如图 2-183 所示。

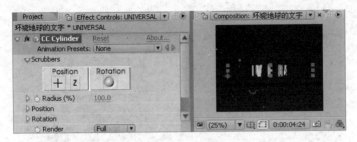

图　2-183

3）在特效面板中调整"CC Cylinder"的参数，如图 2-184 所示。

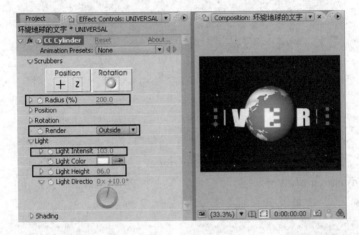

图　2-184

4）制作文字环绕动画。选中"UNIVERSAL"图层，在时间线窗口中将时间轴移到 0s 处，展开"UNIVERSAL"图层，单击"Rotation Y"选项前的码表，设置关键帧，参数值为 0；再将时间轴移到 4s24 帧处，将"Rotation Y"选项的参数值设置为 1x，如图 2-185 所示。

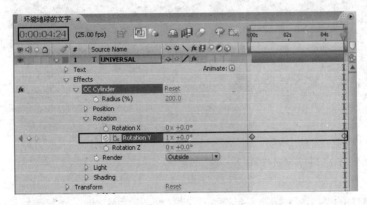

图　2-185

5）在时间线窗口中选中"UNIVERSAL"图层，按<Ctrl+D>组合键复制出"UNIVERSAL 2"图层。将复制出的"UNIVERSAL 2"图层拖动到最底层，并将"Render"选项的值改为"Inside"，如图 2-186 所示。

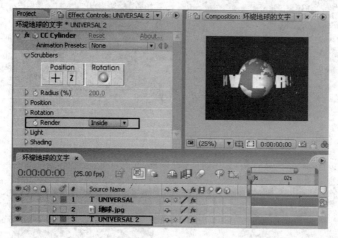

图　2-186

2.9.3　制作光芒效果

1）单击菜单栏中的"Layer→New→Adjustment Layer"命令，新建一个调节图层。

2）选中"Adjustment Layer"层，选择菜单栏中的"Effect→Trapcode→Shine"命令，为图层添加特效。在特效面板中设置参数如图 2-187 所示。

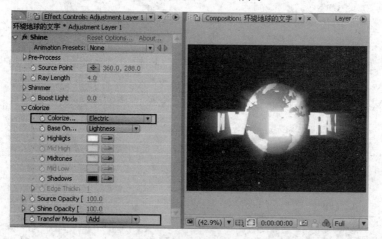

图　2-187

2.9.4　打包文件，渲染输出

1）执行菜单中的"File→Save"命令，保存文件。再执行菜单中的"File→Collect Files"命令，将文件打包。

2）执行菜单中的"File→Export→Quick Time"命令，将"环绕地球的文字"渲染输出。

AE 能力拓展

根据本案例内容，制作"奇趣大自然"片头效果，如图 2-188 所示。

图　2-188

2.10　案例 10 映日荷花别样红

AE 知识要点

1）烟雾文字的制作。
2）运动勾画。

AE 效果预览

本案例效果预览图如图 2-189 所示。

图　2-189

AE 操作步骤

2.10.1　制作烟雾文字效果

1）启动 After Effects CS3 软件。

2）制作文字。按<Ctrl+N>组合键，新建一个合成，在弹出的"Composition Settings"对话框中设置参数，如图 2-190 所示。

3）按<Ctrl+Y>组合键，新建一个黑色固态层，参数如图 2-191 所示。

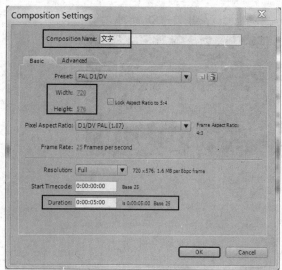

图 2-190

图 2-191

4）选中"文字"层，选择菜单栏中的"Effect→Text→Basic Text"命令为其添加特效，在特效面板中单击"Edit Text"选项，如图 2-192 所示。打开"Basic Text"对话框，如图 2-193 所示，在对话框中输入文字，设置文字字体，单击"OK"按钮，在"Effect Controls"特效面板中设置文字的参数如图 2-192 所示。

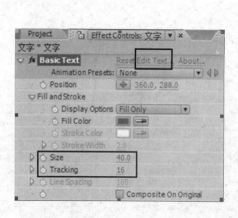

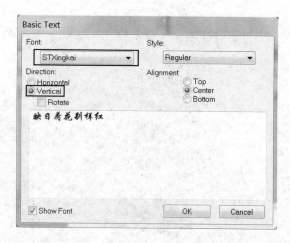

图 2-192

图 2-193

5）制作置换合成。按<Ctrl+N>组合键，新建一个合成，在弹出的"Composition Settings"对话框中设置参数，如图 2-194 所示。

6）按<Ctrl+Y>组合键，新建一个灰色固态层，参数设置如图 2-195 所示。

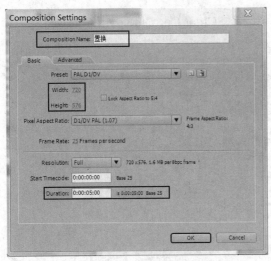

图 2-194　　　　　　　　　　　　　图 2-195

7）选中"噪波"层，选择菜单栏中的"Effect→Noise&Grain→Fractal Noise"命令，为其添加"Fractal Noise"特效，效果如图 2-196 所示。

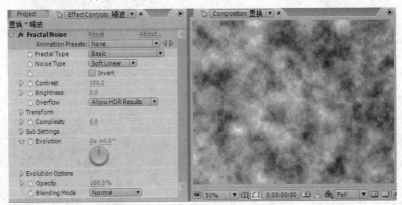

图 2-196

8）设置"Fractal Noise"特效的"Evolution"参数的关键帧动画，在 0s 处的参数值为 0；在 3s 处的参数值为 4，如图 2-197 所示。

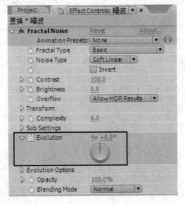

图 2-197

9）选中"噪波"层，选择菜单栏中的"Effect→Color Correction→Levels"特效，为其添加特效，在特效面板中设置参数如图 2-198 所示。

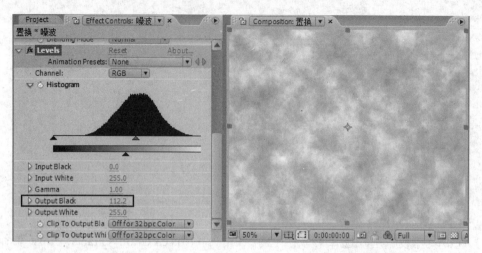

图　2-198

10）在工具栏中选择矩形遮罩工具，为"噪波"层绘制 Mask，如图 2-199 所示。再按 <M>键展开 Mask 属性，将"Mask Feather"参数的值设置为 100；再设置 Mask 动画，在 0s 处单击"Mask Path"选项的码表设置关键帧，再将时间轴移到 5s 处，在合成窗口中将 Mask 向下拖动到如图 2-200 所示的位置。

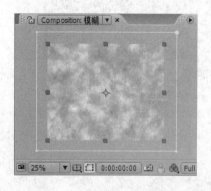

图　2-199

图　2-200

按<0>键预览动画，可以观察到噪波由上到下逐渐消失的动画效果。

11）制作模糊合成。按<Ctrl+N>组合键，新建一个合成，在弹出的"Composition Settings"对话框中设置参数，如图 2-201 所示。

12）选择"置换"合成中的"噪波"层，按<Ctrl+C>组合键复制，再选择"模糊"合成，按<Ctrl+V>组合键，将其粘贴到"模糊"合成中。

13）选择"模糊"合成中的"噪波"层，选择菜单栏中的"Effect→Color Correction→Curves"特效，为图层添加特效，在"Effects Controls"特效面板中设置参数，如图 2-202 所示。

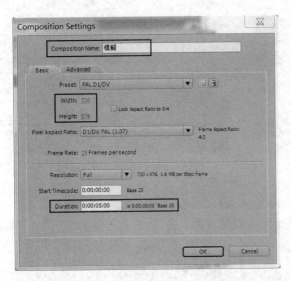

图 2-201

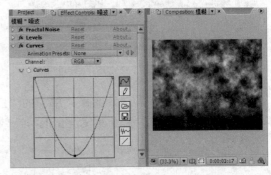

图 2-202

14）制作烟雾文字。按<Ctrl+N>组合键，新建一个合成，在弹出的"Composition Settings"对话框中设置参数，如图 2-203 所示。并将"文字"、"置换"、"模糊"这 3 个合成拖入其中，各层的排列顺序如图 2-204 所示。

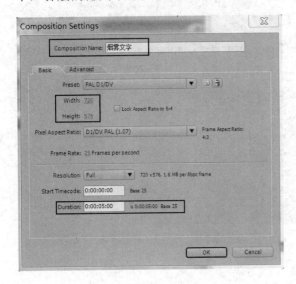

图 2-203

图 2-204

15）制作渐变背景。按<Ctrl+Y>组合键在当前合成中创建一个固态层，命名为"背景"，并将其拖到最下层。选中"背景"层，选择菜单中的"Effect→Generate→Ramp"命令，给图层添加特效。在"Effects Controls"特效面板中设置参数，"Start Color"的值为 RGB（255，255，255），"End Color"的值为 RGB（179，177，177），如图 2-205所示。

16）关闭"置换"合成、"模糊"合成的显示，如图 2-206 所示。

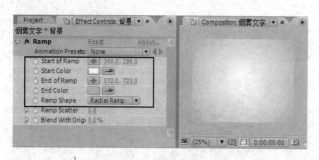

图 2-205　　　　　　　　　　　　　　　　　　图 2-206

17）选中"文字"层，选择菜单中的"Effect→Blur&Sharpen→Compound Blur"命令，给图层添加特效。在"Effects Controls"特效面板中设置参数，如图 2-207 所示。

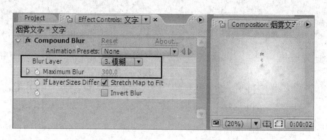

图　2-207

18）选择"文字"层，选择菜单中的"Effect→Distort→Displacement Map"命令，给图层添加特效。在"Effects Controls"特效面板中设置参数，如图 2-208 所示。

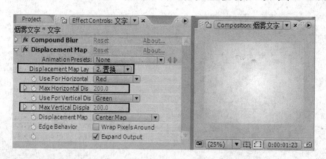

图　2-208

按<0>键，预览动画。

2.10.2　制作背景

1）按<Ctrl+N>组合键，新建一个合成，在弹出的"Composition Settings"对话框中设置参数，如图 2-209 所示。

2）按<Ctrl+I>组合键，导入本书的"配套素材"\"案例素材"\"提高篇"\"2.10 映日荷花别样红"\Footage\"水墨荷花.jpg"图片。并将其拖到"最终效果"合成中。

3）按<Ctrl+I>组合键，导入本书的"配套素材"\"案例素材"\"提高篇"\"2.10 映日荷花别样红"\"Footage\"蝌蚪.psd"图片，导入方式如图 2-210 所示。并将其拖到"最终效果"合成中。

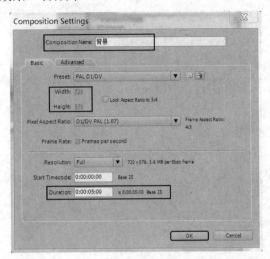

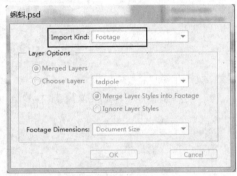

图 2-209 　　　　　　　　　　　　　　　　　图 2-210

4）选中"蝌蚪"层，按<S>键展开"Scale"属性，设置"Scale"选项的参数值为 50%，如图 2-211 所示。选择工具栏中的"Pan Behind Tool"轴心点工具，在合成窗口中按住鼠标左键，调整蝌蚪的中心点位置，将中心点调整到蝌蚪的头顶，效果如图 2-212 所示。

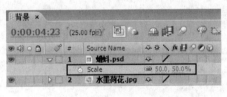

图 2-211 　　　　　　　　　　　　　　　　图 2-212

5）选中"蝌蚪"层，选择"Window→Motion Sketch"命令，打开"Motion Sketch"面板，在对话框中设置参数，如图 2-213 所示。单击"Start Capture"按钮，当合成窗口中的鼠标指针变成十字形状时，在窗口中绘制运动路径，如图 2-214 所示。

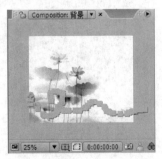

图 2-213 　　　　　　　　　　　　　　　图 2-214

按<0>键，看到蝌蚪沿着绘制的路径移动。

6）设置蝌蚪跟踪对齐。选中"蝌蚪"层，选择"Layer→Transform→Auto-Orientation"命令，在弹出的"Auto-Orientation"对话框中勾选"Orient Along Path"选项，如图 2-215 所示，单击"OK"按钮。

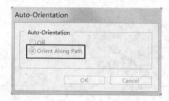

图 2-215

7）选中"蝌蚪"层，按<R>键展开"Rotation"属性，设置"Rotation"选项的参数值为 71，如图 2-216 所示。合成窗口中的效果如图 2-217 所示。

图 2-216   图 2-217

8）制作更加流畅的动画。选中"蝌蚪"层，按<P>键展开"Position"属性，用框选方法选中所有的关键帧，选择"Window→The Smoother"命令，打开"The Smoother"面板，在对话框中设置参数，如图 2-218 所示，单击"Apply"按钮。

图 2-218

9）选中"蝌蚪"层，选择菜单中的"Effect→Perspectivet→Drop Shadow"命令，给图层添加特效。在"Effects Controls"特效面板中设置参数，如图 2-219 所示。

图 2-219

10）选中"蝌蚪"层，打开运动模糊开关，如图 2-220 所示。

图　2-220

11）以同样的方法制作出另一只小蝌蚪的路径动画。

2.10.3　制作最终效果

1）按<Ctrl+N>组合键，新建一个合成，在弹出的"Composition Settings"对话框中设置参数，如图 2-221 所示。并将"烟雾文字"、"背景"合成拖到"最终效果"合成中。

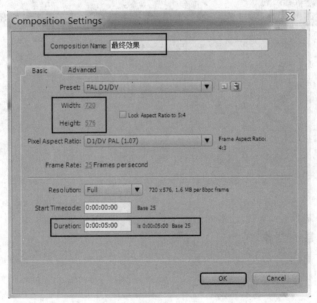

图　2-221

2）关闭"烟雾文字"合成中的"背景"层的显示，如图 2-222 所示。

图　2-222

2.10.4 打包文件,渲染输出

1)执行菜单中的"File→Save"命令,保存文件。再执行菜单中的"File→Collect Files"命令,将文件打包。

2)执行菜单中的"File→Export→Quick Time"命令,将"最终效果"渲染输出。

AE 能力拓展

制作烟雾文字飘入飘出效果,如图 2-223 所示。

图 2-223

2.11 案例 11 浪漫的邂逅

AE 知识要点

1)扭曲效果的制作。
2)文字穿梭效果的制作。
3)运动模糊的使用。

AE 效果预览

本案例效果预览图如图 2-224 所示。

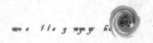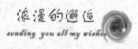

图 2-224

2.11.1 制作玫瑰的扭曲效果

1）启动 After Effects CS3 软件。

2）按<Ctrl+N>组合键，新建一个合成，在弹出的"Composition Settings"对话框中设置参数，如图 2-225 所示。

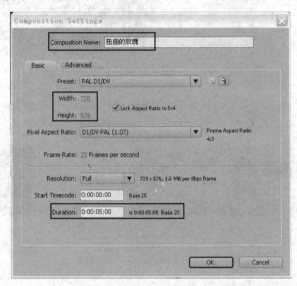

图 2-225

3）按<Ctrl+I>组合键，导入本书的"配套素材"\"案例素材"\"提高篇"\"2.11 浪漫的邂逅"\Footage\"玫瑰.jpg"。并将其拖到时间线窗口中。

4）抠白处理。选中"玫瑰"图层，选择菜单栏中的"Effect→Keying→Linear Color Key"命令，为图层添加特效。选择吸管工具，在合成窗口中单击白色区域，并设置参数如图 2-226 所示，去除"玫瑰"图层的白色部分。

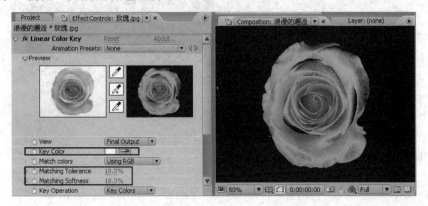

图 2-226

5）制作玫瑰扭曲效果。选中"玫瑰"图层，选择菜单栏中的"Effect→Distort→Twirl"命令，为图层添加特效。并设置参数如图 2-227 所示。

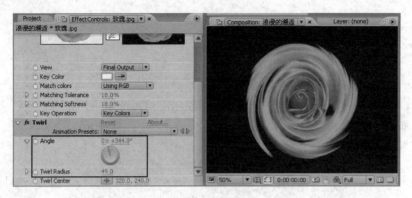

图　2-227

6）选中"玫瑰"图层，按<S>键，展开缩放属性，在按住<Shift>键的同时，按下<P>键，展开位置属性，设置参数如图 2-228 所示。效果如图 2-229 所示。

图　2-228　　　　　　　　　　图　2-229

7）选中"玫瑰"图层，选择菜单栏中的"Effect→Blur&Sharp→Radial Blur"命令，为图层添加特效。参数设置如图 2-230 所示。

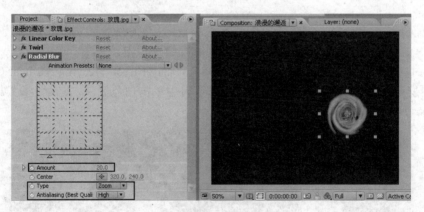

图　2-230

2.11.2　制作穿梭文字

1）按<Ctrl+N>组合键，新建一个合成，在弹出的"Composition Settings"对话框中设置参数，如图 2-231 所示。

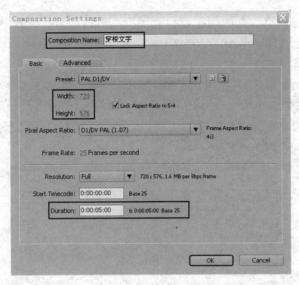

图 2-231

2）按<Ctrl+Y>组合键，新建一个黑色的固态层。

3）选中固态层，选择菜单栏中的"Effect→Text→Path Text"命令，为图层添加特效。在弹出的"Path Text"窗口中，输入"sending you all my wishes"，如图 2-232 所示。单击"OK"按钮，效果如图 2-233 所示。

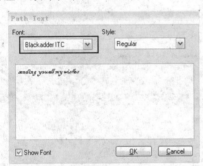

图 2-232

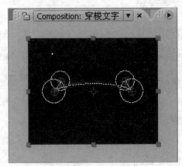

图 2-233

4）在特效面板中设置路径文字的样式，如图 2-234 所示。

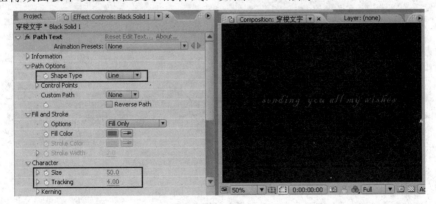

图 2-234

5）制作文字穿梭效果。在时间线窗口中展开"Path Text"特效中的"Control Points"选项，将时间轴移到 3s 处，单击"Vertex 1"、"Vertex 2"和"Kerning"选项前的码表，设置关键帧，如图 2-235 所示。

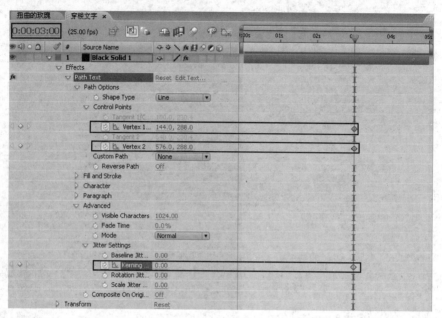

图 2-235

再将时间轴移到 0s 处，设置参数如图 2-236 所示。

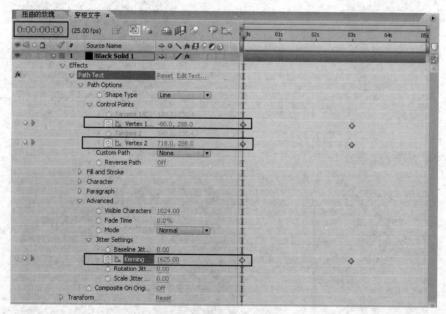

图 2-236

按<0>键预览动画，看到文字穿梭效果。

6）制作光效。选中固态层，选择菜单中的"Effect→Stylize→Glow"命令，给图层添

114

加特效。

7）单击运动模糊开关，并打开合成窗口的运动模糊显示开关，如图 2-237 所示。

图　2-237

2.11.3　制作最终效果

1）按<Ctrl+N>组合键，新建一个合成，在弹出的"Composition Settings"对话框中设置参数，如图 2-238 所示。

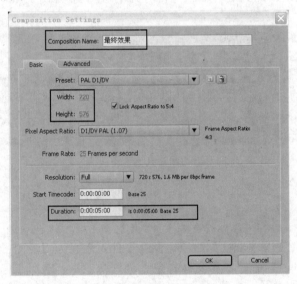

图　2-238

2）按<Ctrl+Y>组合键，新建一个白色固态层，做背景。

3）将"扭曲的玫瑰"和"穿梭文字"合成从项目面板中拖到"最终效果"合成中，并调整它们的位置，如图 2-239 所示。效果如图 2-240 所示。

图　2-239

图　2-240

4）选择工具栏中的文本工具，输入文字"浪漫的邂逅"，并设置文字属性如图 2-241 所示。

图 2-241

5）制作文字淡入效果。选中"浪漫的邂逅"文字层，按<T>键，打开不透明度属性，将时间轴移动到 1s 处，设置"Opacity"的参数值为 0%，单击"Opacity"选项前的码表，设置第一个关键帧，如图 2-342 所示。再将时间轴移动到 4s 处，将"Opacity"的参数值设置为 100%。

图 2-242

2.11.4 打包文件，渲染输出

1）执行菜单中的"File→Save"命令，保存文件，命名为"浪漫的邂逅"。再执行菜单中的"File→Collect Files"命令，将文件打包。

2）执行菜单中的"File→Export→Quick Time"命令，将"最终效果"渲染输出。

AE 能力拓展

利用"Path Text"特效制作如图 2-243 所示的"风车转转转"栏目片头效果。

图 2-243

2.12 案例 12 音画时尚

1）Audio Spectrum 特效制作彩色升降柱。
2）将音频转化为音频关键帧的方法。
3）Expression 表达式的创建和使用方法。

本案例效果预览图如图 2-244 所示。

图　2-244

2.12.1　制作彩色升降柱

1）启动 After Effects CS3 软件。

2）按<Ctrl+N>组合键，新建一个合成，在弹出的"Composition Settings"对话框中设置参数，如图 2-245 所示。

3）按<Ctrl+I>组合键，导入本书的"配套素材"\"案例素材"\"提高篇"\"2.12音画时尚"\Footage\"背景音乐.wav"和"跳动的音符.mov"文件。

4）将"背景音乐.wav"从"Project"项目面板中拖动到"Timeline"时间线窗口中。

5）按<Ctrl+Y>组合键，新建一个黑色固态层，把它放置在最上层。

6）在时间线窗口中选择"Black Solid 1"固态层，选择菜单栏中的"Effect→Generate→Audio Spectrum"特效，为图层添加特效。

7）指定"Audio Layer"音频层为"背景音乐.wav"，如图 2-246 所示。预览动画，看

117

到随音乐跳动的频谱。

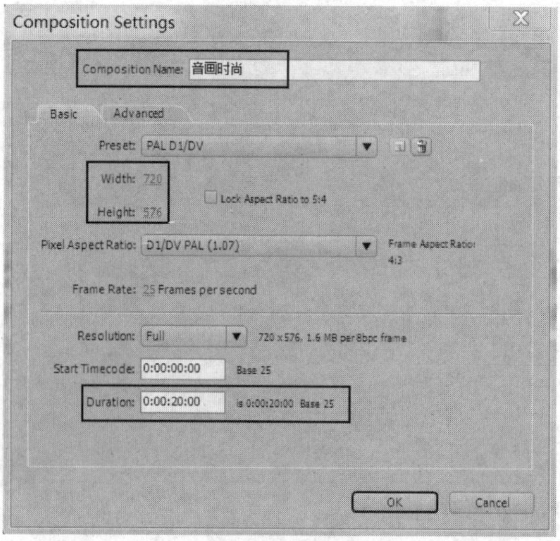

图 2-245

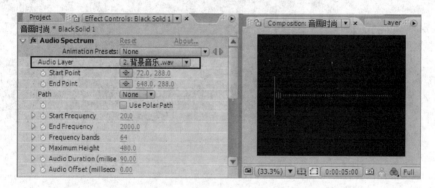

图 2-246

8）制作频谱的形态。在特效面板中设置参数如图 2-247 所示。

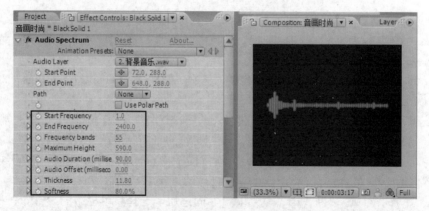

图 2-247

9）制作七彩变换效果。将时间轴移到 0s 处，单击"Hue Interpolation"选项前的码表设置关键帧，并将"Hue Interpolation"选项的参数值设置为 0x+312.0°；再将时间轴移到 20s 处，将"Hue Interpolation"选项的参数值设置为 0x+255.0°。

2.12.2　制作随音乐节奏缩放的文字

1）选择工具栏中的文本工具 T，在合成窗口中输入"Musical Vogue"，设置文字属性如图 2-248 所示，并利用工具栏上的轴心点工具 将文字的中心点移动到文字的中心处。

图　2-248

2）制作音频振幅图层。选中"背景音乐"层，选择菜单栏中的"Animation→Keyframe Assistant→Convert Audio to Keyframes"命令。时间线窗口中自动产生一个新的"Audio Amplitude"图层。

3）取消"Audio Amplitude"图层的显示，在时间线窗口中展开其属性，如图 2-249 所示。

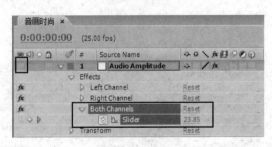

图　2-249

4）选中"Musical Vogue"层，按<S>键，展开图层的缩放属性，按住<Alt>键的同时，单击"Scale"选项前的码表，打开表达式编辑器。

5）在 图标上，按住鼠标左键不放，将鼠标指针移到"Audio Amplitude"图层的"Both Channels"下的"Slider"选项上释放，在文字层产生一个跟随音乐节奏缩放的动画，如图 2-250 所示。

6）预览动画，发现文字的缩放随着音乐的节奏一起变化。但是文字变得太小了，此时对表达式做以下修改：在[temp, temp]的后面添加"*2"，表示将波形振幅扩大 2 倍，这样文字的缩放也被扩大了 2 倍。如图 2-251 所示。

119

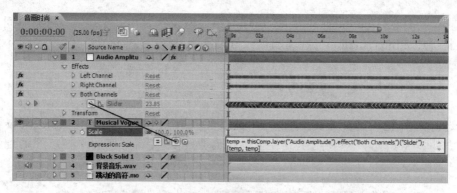

图　2-250

图　2-251

2.12.3　制作随音乐节奏颜色深浅变化的文字

1）选择工具栏中的文本工具 T，在合成窗口中输入"音画时尚"，文字颜色 RGB（254，28，17），设置文字属性如图 2-252 所示。

图　2-252

2）用同样的方法设置"音乐时尚"层随音乐的节奏进行不透明度的变化。选中"音乐时尚"层，按<T>键，展开图层的不透明度属性，按住<Alt>键的同时，单击"Opacity"选项前的码表，打开表达式编辑器。

3）在 图标上，按住鼠标左键不放，将鼠标指针移动到"Audio Amplitude"图层的"Both Channels"下的"Slider"选项上释放，在文字层产生一个跟随音乐节奏的深浅变化的动画。

4）同样，文字颜色变淡了，我们对表达式做以下修改：在（"Sider"）后面添加"*3"，如图 2-253 所示。

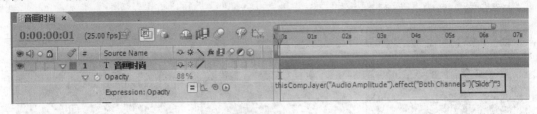

图 2-253

5）将"跳动的音符.mov"从"Project"项目面板中拖到"Timeline"时间线窗口中，放置在最底层做背景。

2.12.4 打包文件，渲染输出

1）执行菜单中的"File→Save"命令，保存文件。再执行菜单中的"File→Collect Files"命令，将文件打包。

2）执行菜单中的"File→Export→Quick Time"命令，将"音画时尚"渲染输出。

AE 能力拓展

制作如图 2-254 所示的"运动无极限"片头动画。

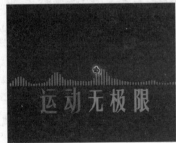

图 2-254

2.13 案例 13 变幻的光线

AE 知识要点

1）3D Stroke 的另类应用。

2）灯光层的应用。

AE 效果预览

本案例效果预览图如图 2-255 所示。

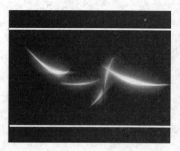

图　2-255

AE 操作步骤

2.13.1　创建文字层

1）启动 After Effects CS3 软件。

2）按<Ctrl+N>组合键，新建一个合成，在弹出的"Composition Settings"对话框中设置参数，如图 2-256 所示。

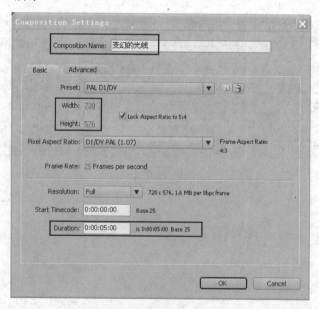

图　2-256

3）选择工具栏中的文本工具 T，在合成窗口中输入文字"After Effect"。在"Character"字符面板中设置文字的颜色为白色，其他参数设置如图 2-257 所示。

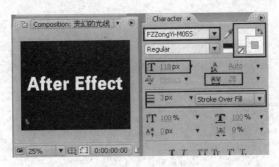

图 2-257

4）单击"After Effect"图层的"3D Layer"按钮 ，将图层转化成三维图层，打开图层属性面板，设置参数如图 2-258 所示。合成窗口中的效果如图 2-259 所示。

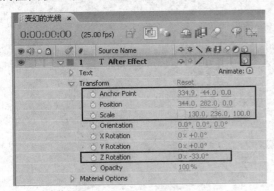

图 2-258

图 2-259

2.13.2 创建灯光层

1）按<Ctrl+Shift+Alt+L>组合键创建灯光层，如图 2-260 所示。

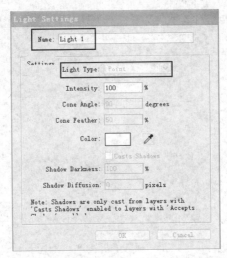

图 2-260

2）制作灯光动画效果。选中"Light"灯光层，在时间线窗口展开灯光层的属性，将时间轴移动到 0s19 帧处，单击"Intensity"选项前的码表，设置关键帧，并将参数设置为 0%，如图 2-261 所示；再将时间轴移动到 2s23 帧处，设置"Intensity"的参数值为 55%，如图 2-262 所示。

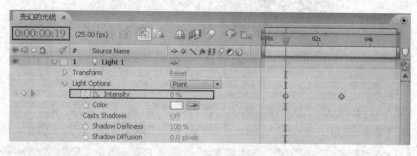

图　2-261

图　2-262

2.13.3　制作变幻的光线

1）按<Ctrl+Y>组合键新建一黑色固态层，如图 2-263 所示。

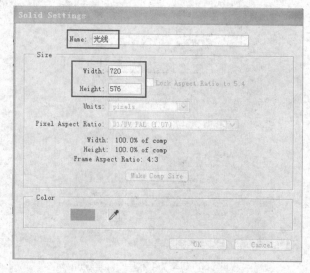

图　2-263

2）选中"光线"层，选择工具栏中的圆形遮罩工具，在合成窗口中绘制椭圆遮罩，如图 2-264 所示。

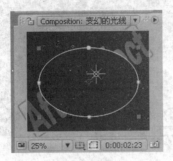

图　2-264

3）选中"光线"层，选择菜单栏中的"Effect→Trapcode→3D Stroke"命令，为图层添加特效，效果如图 2-265 所示。

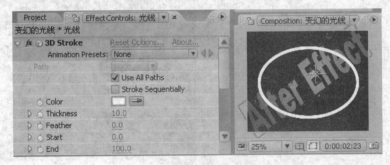

图　2-265

4）调整光线的粗细和锥化效果。在特效面板中设置参数，如图 2-266 所示。

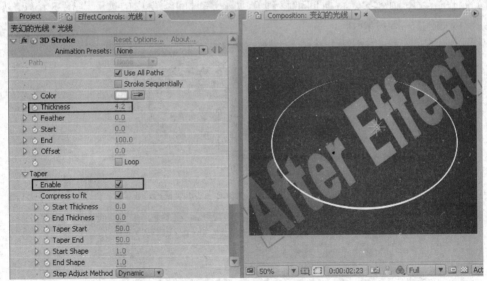

图　2-266

5）制作光线弯曲效果。在特效面板中设置参数，如图 2-267 所示。

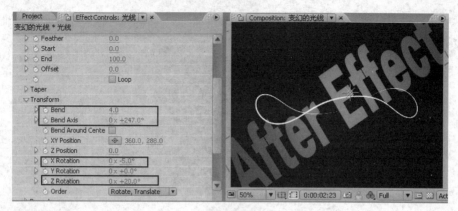

图 2-267

6）制作光线回响效果。在特效面板中设置参数，如图 2-268 所示。

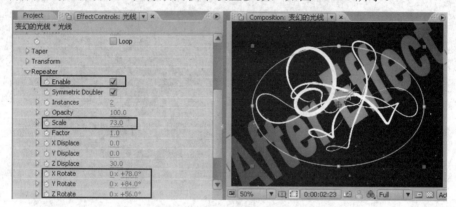

图 2-268

7）制作光线动画效果。将时间轴移到 0s 处，在时间线窗口中展开"3D Stroke"属性，设置关键帧如图 2-269 所示。

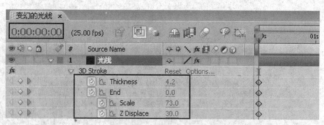

图 2-269

再将时间轴移到 3s20 帧处，设置"Z Displace"选项的关键帧，如图 2-270 所示。

图 2-270

再将时间轴移到 4s 处，设置"Thickness"选项和"Scale"选项的关键帧，如图 2-271 所示。

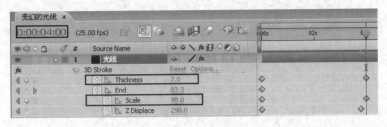

图　2-271

再将时间轴移到 4s20 帧处，设置"End"选项的关键帧，如图 2-272 所示。

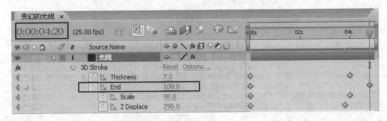

图　2-272

预览动画，看到光线窜动效果。

2.13.4　制作光线的光效

1）选中"光线"层，选择菜单栏中的"Effect→Trapcode→Starglow"命令，为图层添加特效，并设置参数，效果如图 2-273 所示。

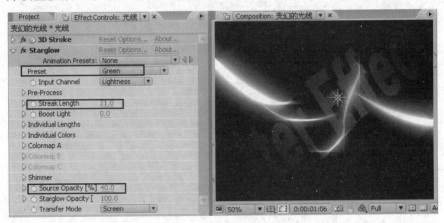

图　2-273

2）将时间轴移到 1s13 帧处，设置"Threshold"的值为 200，并单击码表设置关键帧，如图 2-274 所示。

3）将时间轴移到 1s23 帧处，设置"Threshold"的值为 250，如图 2-275 所示。

4）将时间轴移到 3s 处，设置"Threshold"的值为 279，如图 2-276 所示。

图 2-274

图 2-275

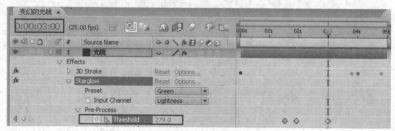

图 2-276

2.13.5 制作边框

1）按<Crtl+Y>组合键创建一白色固态层，参数如图 2-277 所示。

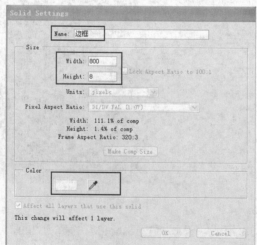

图 2-277

2）选中"边框"层，按<Ctrl+D>组合键复制出一层，将两个边框移到合适的位置，如图

2-278 所示。

图　2-278

2.13.6　打包文件，渲染输出

1）执行菜单中的"File→Save"命令，保存文件。再执行菜单中的"File→Collect Files"命令，将文件打包。

2）执行菜单中的"File→Export→Quick Time"命令，将"变幻的光线"渲染输出。

利用 3D Sroke 特效制作各种光线效果，如图 2-279 所示。

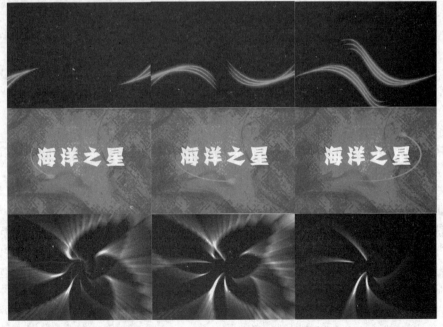

图　2-279

2.14 案例 14 心动不如行动

知识要点

1）字符面板的使用。
2）文字动画的编辑。
3）Shine 特效的使用。

效果预览

本案例效果预览图如图 2-280 所示。

图 2-280

操作步骤

2.14.1 创建文字

1）启动 After Effects CS3 软件。

2）按<Ctrl+N>组合键，新建一个合成，在弹出的"Composition Settings"对话框中设置参数，如图 2-281 所示。

3）按<Ctrl+I>组合键，导入本书的"配套素材"\"案例素材"\"提高篇"\"2.14 心动不如行动"\"Footage"\"背景.jpg"图片。并将其拖动到时间线窗口中。

4）选中"背景"层，按<S>键，打开图层的缩放属性，将"Scale"的值设置为40%。

5）选择工具栏中的文本工具 T.，在合成窗口中输入文字"都市生活 心动不如行动"。选中"都市生活"文字，在"Character"字符面板中设置文字的颜色为 RGB（212，19，51），其他参数设置如图 2-282 所示。

6）选中"心动不如行动"文字，在"Character"字符面板中设置文字的颜色为 RGB（191，22，22），其他参数设置如图 2-283 所示。

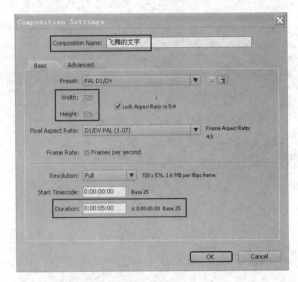

图　2-281

图　2-282

图　2-283

2.14.2　制作文字动画

1）选中文字层，在时间线窗口中展开文字层属性，单击"Animate"后面的◎按钮，从打开的菜单中选择"Ancher Point"命令，如图 2-284 所示。

131

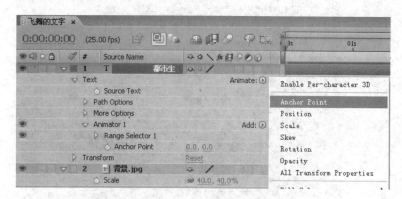

图 2-284

2）单击"Animate 1"后面的"Add"后的 ◎ 按钮，从打开的菜单中依次添加"Position"、"Scale"、"Rotation"和"Fill Color"中的"Hue"命令，如图 2-285 所示。效果如图 2-286 所示。

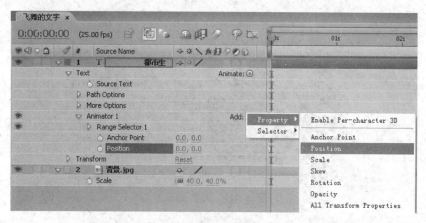

图 2-285

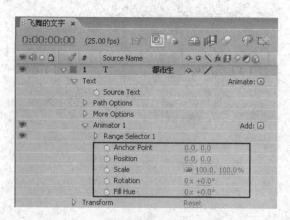

图 2-286

3）制作文字动画。将时间轴移到 3s 处，单击"Ancher Point"、"Position"、"Scale"、"Rotation"、"Fill Hue"选项前的码表，设置关键帧，如图 2-287 所示。

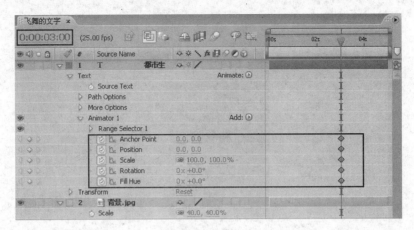

图　2-287

再将时间轴移到 0s 处，分别设置这 4 项的参数，如图 2-288 所示。

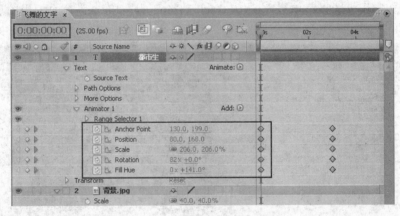

图　2-288

4）为文字层添加摇摆。选中文字层，单击"Add→Selector→Wiggly"命令，为文字层添加摇摆，如图 2-289 所示。

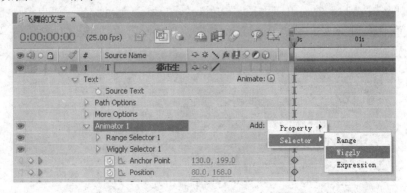

图　2-289

5）预览动画，看到文字活动的范围有点小，我们重新设定 0s 处"Ancher Point"选项的参数，如图 2-290 所示。

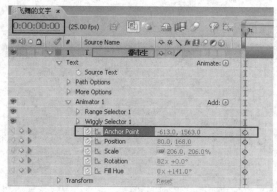

图　2-290

2.14.3　添加光效

1）选中文字层，选择菜单栏中的"Effect→Trapcode→Shine"命令，为图层添加特效，设置参数如图 2-291 所示。

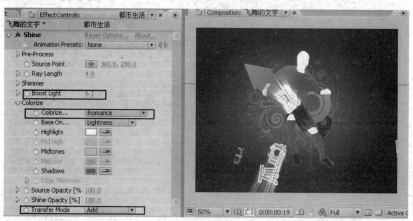

图　2-291

2）将时间轴移到 0s 处，单击"Ray Length"、"Boost Light"选项前的码表，设置关键帧；再将时间轴移到 3s 处，将"Ray Length"、"Boost Light"选项的参数值设置为 0，如图 2-292 所示。

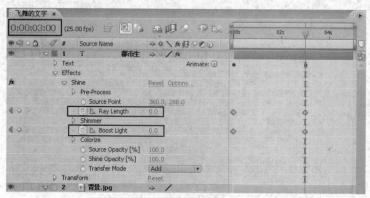

图　2-292

134

2.14.4 制作背景淡入效果

选中"背景"层,按<T>键,打开不透明度属性,将时间轴移到 0s 处,设置"Opacity"的参数值为 0,单击前面的码表,设置关键帧;再将时间轴移到 3s10 帧处,设置"Opacity"的参数值为 100,如图 2-293 所示。

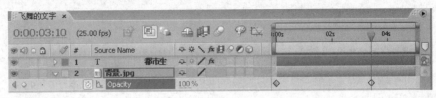

图　2-293

2.14.5 打包文件,渲染输出

1)执行菜单中的"File→Save"命令,保存文件。再执行菜单中的"File→Collect Files"命令,将文件打包。

2)执行菜单中的"File→Export→Quick Time"命令,将"飞舞的文字"渲染输出。

AE 能力拓展

利用文字动态效果制作如图 2-294 所示的"东方音乐盛典"片头效果。

图　2-294

实 战 篇

3.1 案例 1 阳光 LOGO

AE 知识要点

合成的嵌套使用。

AE 效果预览

本案例效果预览图如图 3-1 所示。

图 3-1

AE 操作步骤

3.1.1 制作阳光 LOGO 动画

1）启动 After Effects CS3 软件。

2）按<Ctrl+N>组合键，新建一个合成，在弹出的"Composition Settings"对话框中设置参数，如图 3-2 所示。

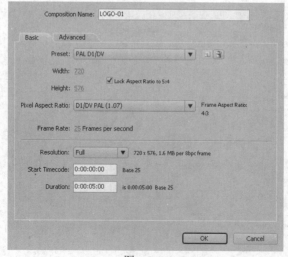

图 3-2

3）按<Ctrl+I>组合键，导入本书的"配套素材"\"案例素材"\"实战篇"\"3.1 阳光 LOGO"\Footage\Sunshine.psd"图片。

4）按<Ctrl+N>组合键，新建一个合成，命名为"Sunshine"，时间长度为 3s，将 GLOW/Sunshine.psd 和 LOGO/Sunshine.psd 两个素材拖放至时间线，如图 3-3 所示。

图　3-3

5）从 0～3 s，给图层 LOGO/Sunshine.psd 做遮罩动画，Mask Feather（羽化值）为 1 像素，让 LOGO 从上到下完全显示出来，如图 3-4 所示。

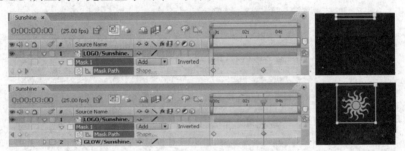

图　3-4

6）从 0～3 s，给图层 GLOW/Sunshine.psd 做遮罩动画，Mask Feather（羽化值）为 10 像素，让 GLOW 从上到下完全显示出来，如图 3-5 所示。

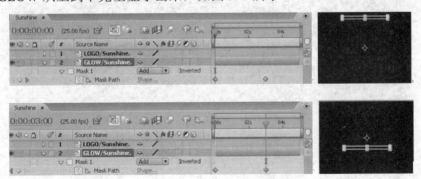

图　3-5

7）按<Ctrl+N>组合键，新建一个合成，命名为"Light"，时间长度为 5 s。

8）按<Ctrl+Y>组合键两次，新建固态层，分别绘制两个白色椭圆，添加 Fast Blur 快速模糊特效，效果如图 3-6 所示。

9）将合成"Sunshine"、"Light"拖拽至总合成"LOGO-01"的时间线上。

10）按<Ctrl+Y>组合键，新建一个固态层，执行菜单中的"Effect→Generate→Ramp"命令，添加特效，制作背景。效果如图 3-7 所示。

11）将素材"文字/Sunshine.psd"拖拽至时间线，图层顺序如图 3-8 所示。

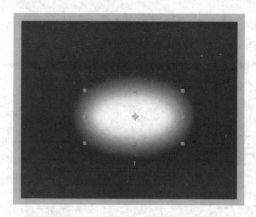

图　3-6

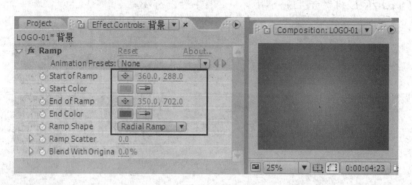

图　3-7

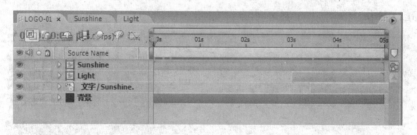

图　3-8

12）设置合成"Light"的不透明度属性动画，在 3s 位置处将 Opacity 属性设为 0；在 3s 10 帧位置处设为 100；在 3s 20 帧位置处设为 0，如图 3-9 所示。

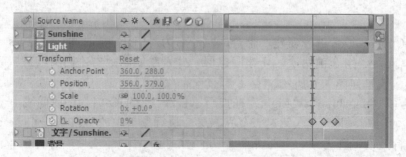

图　3-9

13）设置图层"文字/Sunshine.psd"的不透明度属性动画，在 3 s 10 帧位置处设为 0；在 3 s 20 帧位置处设为 100，如图 3-10 所示。

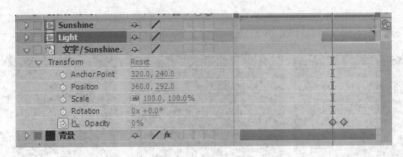

图　3-10

14）效果如图 3-11 所示。

图　3-11

3.1.2　打包文件，渲染输出

1）执行菜单中的"File→Save"命令，保存文件。再执行菜单中的"File→Collect Files"命令，将文件打包。

2）执行菜单中的"File→Export→Quick Time"命令，将"LOGO-01"渲染输出。

3.2　案例 2 美国邮政 LOGO

遮罩动画应用。

141

本案例效果预览图如图 3-12 所示。

图　3-12

3.2.1　制作美国邮政 LOGO 动画

1）启动 After Effects CS3 软件。

2）按<Ctrl+N>组合键，新建一个合成，在弹出的"Composition Setting"对话框中设置参数，如图 3-13 所示。

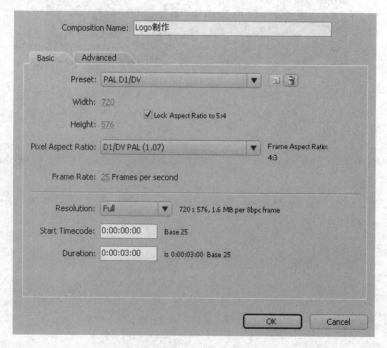

图　3-13

3）按<Ctrl+I>组合键，导入本书的"配套素材"\"案例素材"\"实战篇"\"3.2 美国邮政 Logo 动画"\Footage\LOGO02.psd"图片。

4）将导入的素材从"Project"项目面板中拖放到"Timeline"时间线窗口中，按照如图 3-14 所示的顺序放置图层。

图 3-14

5）设置"LOGO/LOGO02.psd"图层的位置关键帧属性动画，即 0 s0 帧～0 s10 帧，使图层从左到右进入画面，效果如图 3-15 所示。

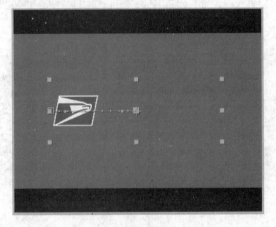

图 3-15

6）设置"Text/LOGO02.psd"图层的位置关键帧属性动画，即 0s 12 帧～1s 08 帧，使图层从左到右进入画面，效果如图 3-16 所示。

图 3-16

143

7）选中"Text/LOGO02.psd"图层，为图层添加遮罩，如图 3-17 所示。

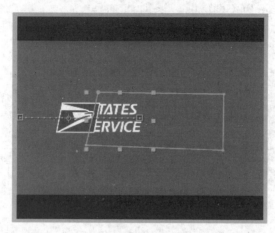

图 3-17

8）选中图层"Line/LOGO02.psd"，为图层添加遮罩，做遮罩动画，使图层从 1s 10 帧～2s 05 帧，从左到右显示出来，如图 3-18 所示。

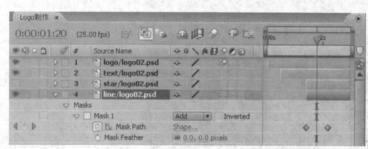

图 3-18

9）效果如图 3-19 所示。

图 3-19

10）设置"Star/logo02.psd"图层的位置关键帧属性动画和不透明度属性动画，从 1 s 10 帧～2 s 05 帧，使图层从左到右进入画面，如图 3-20 所示。

图　3-20

11）设置"R/logo02.psd"图层的不透明度属性动画，从 2s 10 帧～2s 20 帧，使图层不透明度从 0～100，如图 3-21 所示。

图　3-21

12）图层动画效果如图 3-22 所示。

图　3-22

3.2.2 打包文件，渲染输出

1）执行菜单中的"File→Save"命令，保存文件。再执行菜单中的"File→Collect Files"命令，将文件打包。

2）执行菜单中的"File→Export→Quick Time"命令，将"LOGO"渲染输出。

3.3 案例 3 流光溢彩 LOGO

AE 知识要点

1）立体金属字的制作。

2）Final Effects 特效的应用。

AE 效果预览

本案例效果预览图如图 3-23 所示。

图 3-23

AE 操作步骤

3.3.1 制作金属字 LOGO 动画

1）启动 After Effects CS3 软件。

2）按<Ctrl+N>组合键，新建一个合成，在弹出的"Composition Settings"对话框中设置参数，如图 3-24 所示。

3）按<Ctrl+Y>组合键，新建一个固态图层，在弹出的"Solid Settings"对话框中设置参数，如图 3-25 所示。

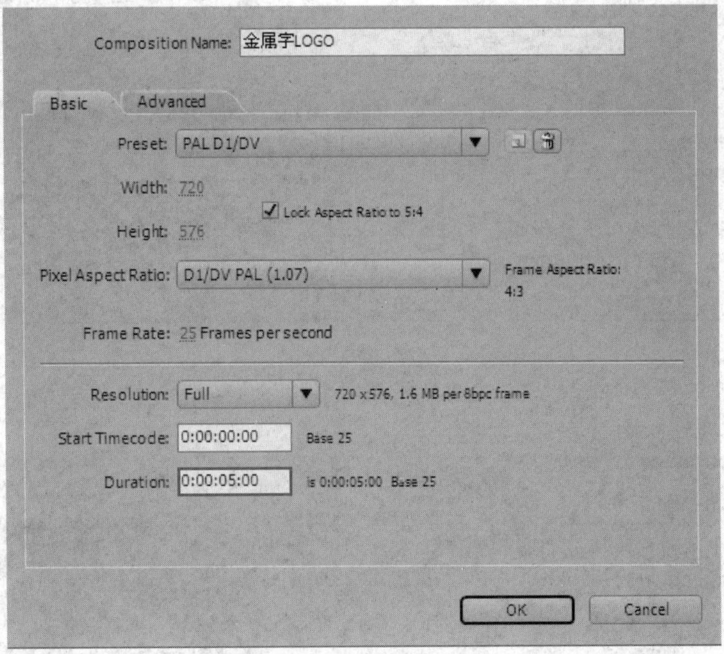

图 3-24

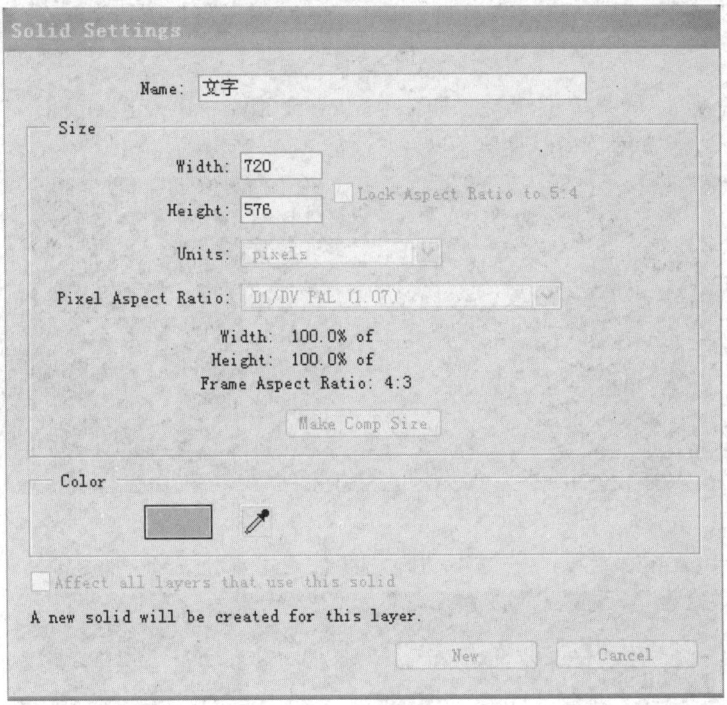

图 3-25

4）选中新建的固态层，从菜单中选择"Effect→Text→Basic Text"命令，添加基本文字特效，设置文字大小为 100，如图 3-26 所示。

图 3-26

5）选中固态层，从菜单中选择"Effect→Generate→Ramp"命令，添加渐变特效，设置参数如图 3-27 所示。

图 3-27

6）选中固态层，从菜单中选择"Effect→Perspective→Bevel Alpha"命令，添加倒角特效，设置倒角边缘宽度为 6，亮度值为 0.5，如图 3-28 所示。

图 3-28

7）设置 Light Angle 选项的关键帧动画，参数设置如图 3-29 所示。

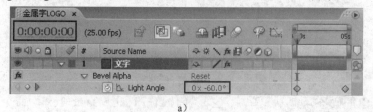

a）

图 3-29

b)

图 3-29（续）

8）选中固态层，从菜单中选择"Effect→Color Correction→Curves"命令，为图层添加曲线特效，如图 3-30 所示。

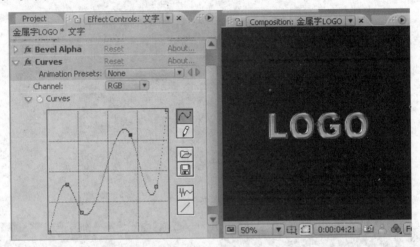

图 3-30

9）选中固态层，按<Ctrl+D>组合键进行复制，并将复制图层的混合模式改为 Hard Light（强光），设置不透明度为 60%，如图 3-31 所示。

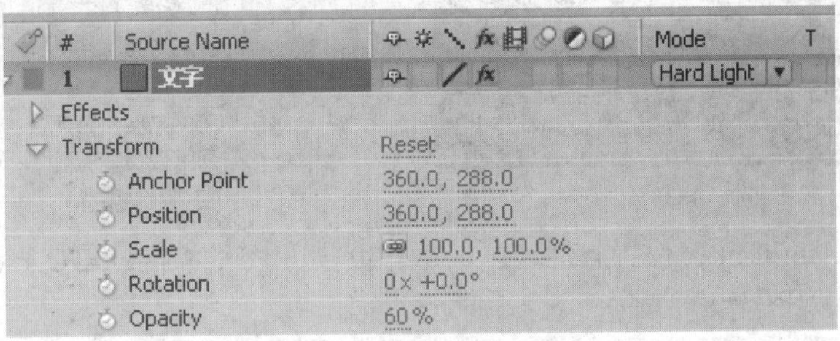

图 3-31

10）选中复制的固态层，从菜单中选择"Effect→Color Correction→Colorama"命令，添加特效，如图 3-32 所示。

11）效果如图 3-33 所示。

12）选中复制的固态层，从菜单中选择"Effect→Final Effects→FE Light Sweep"命令，添加特效，做 LOGO 表面过光效果，如图 3-34 所示。

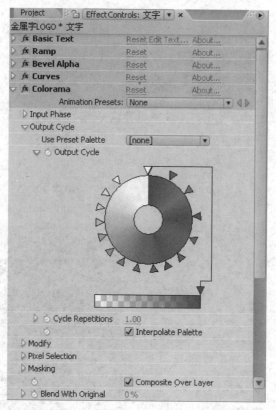

图 3-32

图 3-33

图 3-34

13）设置 Light Center 位置属性动画，从 0 s0 帧～1 s 0 帧，LOGO 表面光效从左到右运动，参数设置如图 3-35 所示。

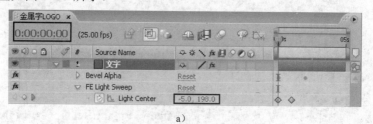

a）

图 3-35

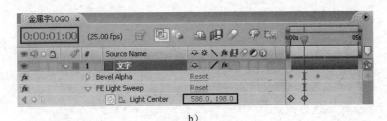

b）

.图 3-35（续）

按<0>键预览动画，可以看到表面光效从左到右移动。

3.3.2 打包文件，渲染输出

1）执行菜单中的"File→Save"命令，保存文件。再执行菜单中的"File→Collect Files"命令，将文件打包。

2）执行菜单中的"File→Export→Quick Time"命令，将"金属字 LOGO"渲染输出。

3.4 案例 4 节目导视

AE 知识要点

预置文字动画的使用。

AE 效果预览

本案例效果预览图如图 3-36 所示。

图 3-36

AE 操作步骤

3.4.1 制作节目导视

1）启动 After Effects CS3 软件。

2）按<Ctrl+N>组合键，新建一个合成，在弹出的"Composition Settings"对话框中设置参数，如图 3-37 所示。

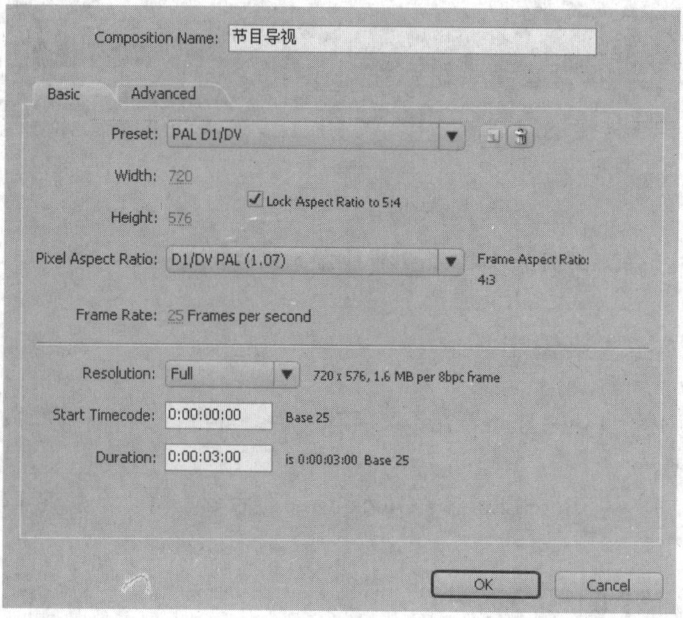

图 3-37

3）按<Ctrl+I>组合键，导入本书的"配套素材"\"案例素材"\"实战篇"\"3.4 节目导视"\Footage\"Video .avi"、"导视板.psd"\文件素材。

4）将素材"c1/导视板.psd"、"c2/导视板.psd"、"c3/导视板.psd"、"Video.avi"拖拽至时间线，如图 3-38 所示。

图 3-38

5）按<Ctrl+T>组合键，新建一个文字图层，输入"本期导视"，在字符面板中设置文字属性。效果如图 3-39 所示。

图 3-39

6）设置图层的出现位置，如图 3-40 所示。

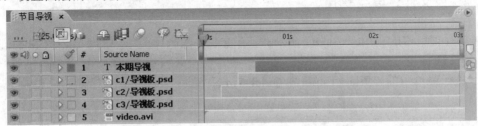

图 3-40

7）设置图层"c2/导视板.psd、c3/导视板.psd"的位置属性动画，使这两个图层从下至上进入画面，设置图层"c1/导视板.psd"从右至左进入画面，如图 3-41 所示。

图 3-41

8）选中文字图层"本期导视"，从动画预置窗口选择文字动画特效"Text→3D Text→3D Fly Down Behind Camera"并双击，应用到文字图层之上，效果如图 3-42 所示。

图 3-42

153

3.4.2　打包文件，渲染输出

1）执行菜单中的"File→Save"命令，保存文件。再执行菜单中的"File→Collect Files"命令，将文件打包。

2）执行菜单中的"File→Export→Quick Time"命令，将"节目导视"渲染输出。

3.5　案例 5 节目预告导视

AE 知识要点

1）合成的嵌套。
2）遮罩的使用。

AE 效果预览

本案例效果预览图如图 3-43 所示。

图　3-43

AE 操作步骤

3.5.1　制作节目预告

1）启动 After Effects CS3 软件。

2）按<Ctrl+N>组合键，新建一个合成，在弹出的"Composition Settings"对话框中设置参数，如图 3-44 所示。

3）按<Ctrl+I>组合键，导入本书的"配套素材"\"案例素材"\"实战篇"\"3.5 节目预告导视"\Footage\"城市夜景.avi"视频。

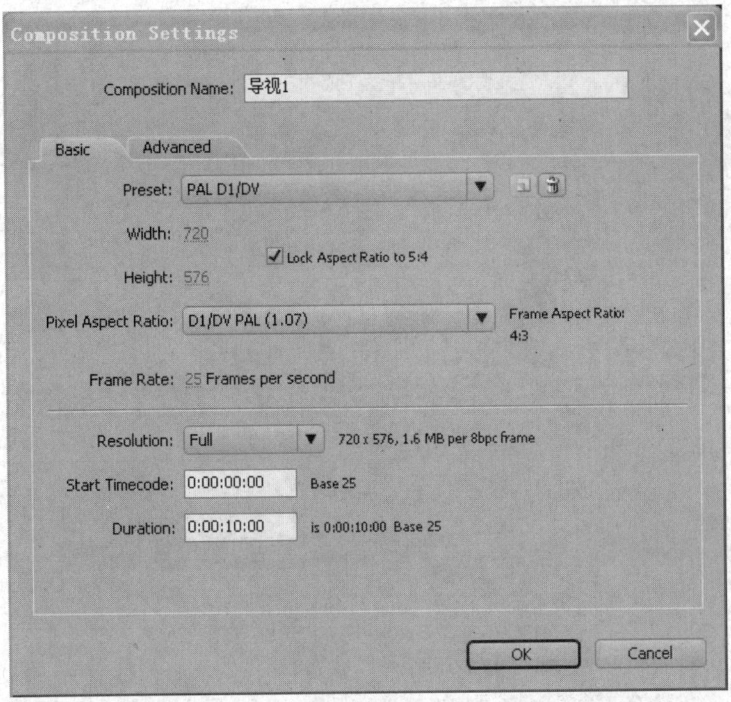

图 3-44

4）按<Ctrl+N>组合键，新建一个合成，在弹出的"Composition Settings"对话框中设置参数，如图 3-45 所示。

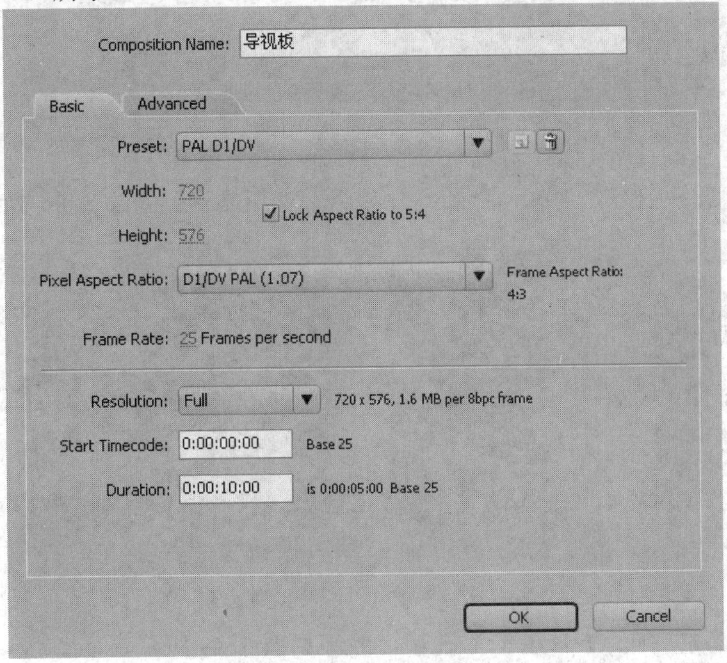

图 3-45

5）在"导视板"合成中，按<Ctrl+Y>组合键，新建一个固态层，在弹出的"Solid Settings"

对话框中设置参数，如图 3-46 所示。

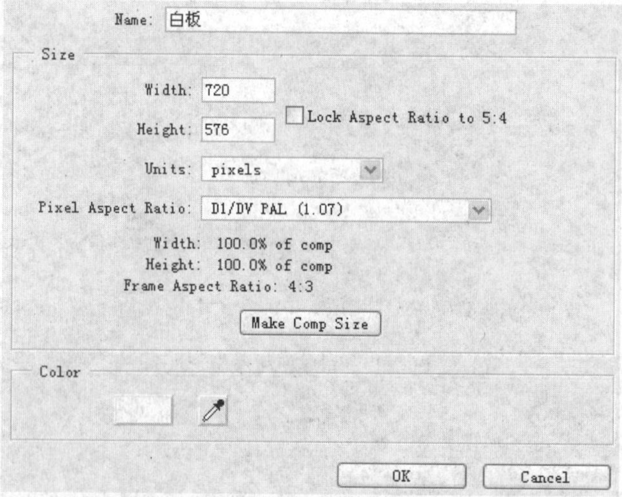

图　3-46

6）设置固态层属性，如图 3-47 所示。

图　3-47

7）选中固态层"白板"，按<Q>键，为固态层添加遮罩，如图 3-48 所示。

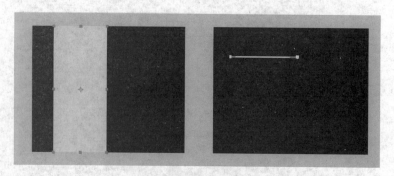

图　3-48

8）勾选"遮罩反向（Inverted）"选项，效果如图 3-49 所示。

9）在"Project"项目面板中双击"导视 1"，将"城市夜景.avi"从"Project"项目面板中拖放到"Timeline"时间线窗口中，并将"导视板"拖放到城市夜景图层之上，如图 3-50 所示。

图 3-49

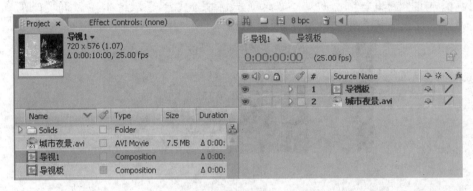

图 3-50

10）选中"导视板"图层，按<Q>键绘制遮罩，如图 3-51 所示。

图 3-51

11）制作遮罩动画。将时间轴移到 0 s 处，选择 Mask1 下边的两个控制点，单击 Mask Path 前面的码表，记录遮罩路径动画，如图 3-52 所示。

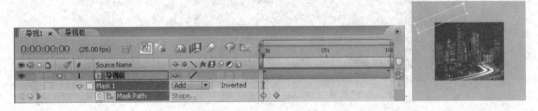

图 3-52

12）将时间线拖拽到 1 s 位置，拖拽 Mask1 的控制点，将导视板完全显示出来，如图 3-53 所示。

图 3-53

13）按<Ctrl+T>组合键，新建一个文字层，输入文字"接下来>>"并放到如图 3-54 所示的位置。设置字体大小为 40px，描边 2px。

图 3-54

14）设置文字投影效果，选择"接下来>>"文字层，从菜单中选择"Effects→Perspective→Drop Shadow"命令，添加投影效果。设置阴影参数如图 3-55 所示。

图 3-55

15）在时间线窗口中拖拽"接下来>>"文字层，使起始位置为 1 s 处，如图 3-56 所示。

图 3-56

16）展开"接下来>>"文字层的 Transform（变换）属性，在 Position（位置）、Opacity（不透明度）前面单击码表开关，记录关键帧动画。设置位置和不透明度属性，如图 3-57 所示。

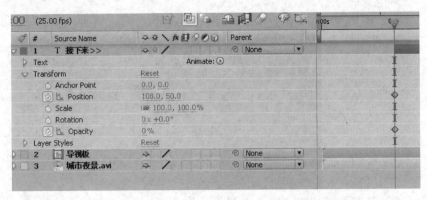

图 3-57

17）将时间线放到 1 s 10 帧位置，设置位置和不透明度属性为 100%，如图 3-58 所示。

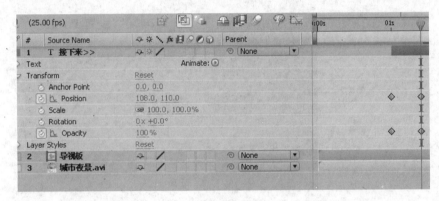

图 3-58

18）按<Ctrl+T>组合键，新建一个文字层，输入文字"12:00 午间新闻……"放到如图 3-59 所示的位置。设置字体大小为 30px，描边 1px。设置 Position（位置）为（105，275）。

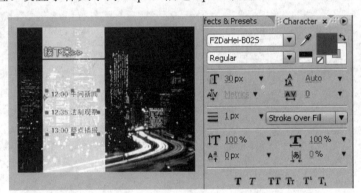

图 3-59

19）设置文字投影效果，选择文字层，从菜单中选择"Effects→Perspective→Drop Shadow"命令，添加投影效果。

20）在时间线窗口中拖拽"12:00 午间新闻"文字层，使起始位置为 1 s 10 帧处，如图 3-60 所示。

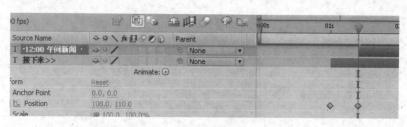

图 3-60

21）展开"12:00 午间新闻"文字层的 Transform（变换）属性，在 Opacity（不透明度）属性前面单击码表开关，记录关键帧动画。设置不透明度属性为 0。

22）将时间线放到 1 s 20 帧位置，设置不透明度属性为 100%，如图 3-61 所示。

23）按<Ctrl+I>组合键，导入本书的"配套素材"\"案例素材"\"实战篇"\"3.5 节目预告导视"\Footage\"arrow .psd"文件。

24）将 arrow.psd 图层放在最上层，起始位置为 1 s 20 帧。设置 Position（位置）属性为 x:400px，y:200px，Opacity（不透明度）属性为 0。

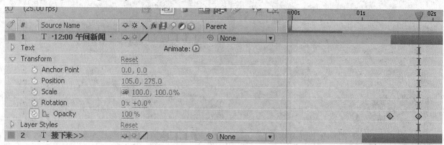

图 3-61

25）将时间线放在 2 s 05 帧位置，设置 Position（位置）属性为 x:400px，y:265px，Opacity（不透明度）属性为 100，如图 3-62 所示。

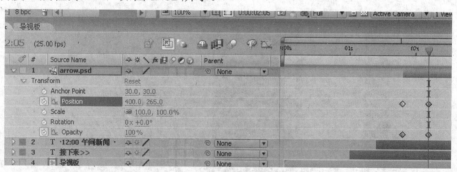

图 3-62

3.5.2 打包文件，渲染输出

1）执行菜单中的"File→Save"命令，保存文件。再执行菜单中的"File→Collect Files"命令，将文件打包。

2）执行菜单中的"File→Export→Quick Time"命令，将"预告导视"渲染输出。

3.6 案例 6 下节内容导视

知识要点

预置文字动画的使用。

效果预览

本案例效果预览图如图 3-63 所示。

图　3-63

操作步骤

3.6.1 制作下节内容导视

1）启动 After Effects CS3 软件。

2）按<Ctrl+N>组合键，新建一个合成，在弹出的 "Composition Settings" 对话框中设置参数，如图 3-64 所示。

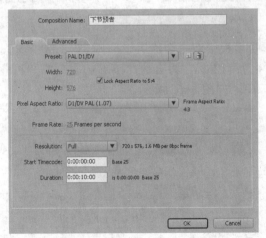

图　3-64

3）按<Ctrl+I>组合键，导入本书的"配套素材"\"案例素材"\"实战篇"\"3.6 下节内容导视"\Footage\露珠.avi、花开.avi"视频文件和"边框.psd"文件。

4）按<Ctrl+N>组合键，新建一个合成，在弹出的"Composition Settings"对话框中设置参数，如图 3-65 所示。

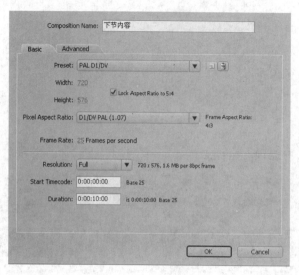

图 3-65

5）在"Project"项目面板中双击合成"下节内容"，将"边框.psd"从"Project"项目面板中拖放到"Timeline"时间线窗口中，并将"花开.avi"拖放到"边框.psd"图层上面，如图 3-66 所示。

6）设置"花开.avi"的 Scale（缩放）属性为 95%，如图 3-67 所示。

图 3-66

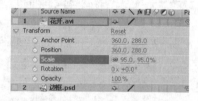

图 3-67

7）在"Project"项目面板中双击合成"下节预告"，将"露珠.avi"拖放到时间线上，设置 Scale（缩放）属性为：125%。将合成"下节内容"从"Project"项目面板中拖放到"Timeline"时间线窗口中，如图 3-68 所示。

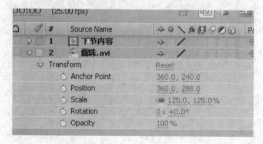

图 3-68

8）按<Ctrl+T>组合键，新建一个文字层，输入文字"下节预告"，设置字体大小为 50px，描边 0px，如图 3-69 所示。

图　3-69

9）在时间线 0s 位置，选择文字层"下节预告"，从动画预置窗口选择"Animation Presets→Text→3D Text→3D Basic Position Z Cascade"，并拖拽到文字层之上，将特效应用于该文字层。如图 3-70 所示。

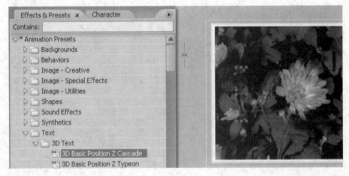

图　3-70

10）在时间线窗口拖拽"下节内容"合成图层，使起始位置为 1s 处，设置 Scale（缩放）属性为：75%。单击 Position（位置）属性前的码表图标记录位置关键帧动画，设置位置属性为 x：995px；y：285px，如图 3-71 所示。

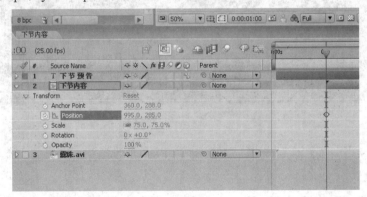

图　3-71

11）将时间指针拖拽到 1s20 帧位置，设置 Position（位置）属性为 x：465px；y：285px，如图 3-72 所示。

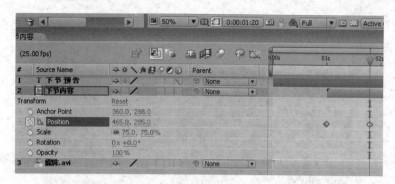

图　3-72

3.6.2　打包文件，渲染输出

1）执行菜单中的"File→Save"命令，保存文件。再执行菜单中的"File→Collect Files"命令，将文件打包。

2）执行菜单中的"File→Export→Quick Time"命令，将"下节预告"渲染输出。

3.7　案例 7 面具车友会片头

AE 知识要点

3D 图层的应用。

AE 效果预览

本案例效果预览图如图 3-73 所示。

图　3-73

AE 操作步骤

3.7.1　制作面具车友会片头

1）启动 After Effects CS3 软件。

2）按<Ctrl+N>组合键，新建一个合成，在弹出的"Composition Settings"对话框中设置参数，如图 3-74 所示。

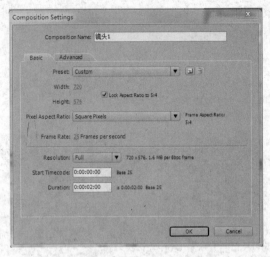

图 3-74

3）按<Ctrl+I>组合键，导入本书的"配套素材"\"案例素材"\"实战篇"\"3.7 面具车友会片头"\Footage\"bcg.png"图片。

4）将"bcg.png"从"Project"项目面板中拖放到"Timeline"时间线窗口中，按<Ctrl+Alt+F>组合键，使图片的尺寸与合成窗口的尺寸相匹配。

5）按<Ctrl+I>组合键，导入"彩条.png"图片，将图片摆放在本例效果图所示的适当位置。

6）按<Ctrl+I>组合键，导入面具图标图片，设置位移和旋转的动画关键帧。参数如图 3-75 所示。

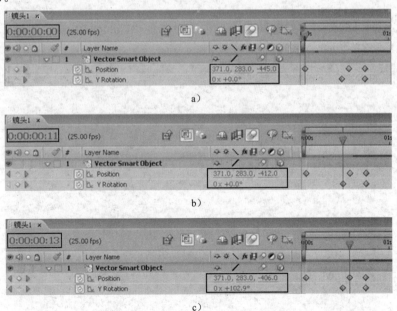

图 3-75

d)

图 3-75（续）

7）新建 3 个文字图层，分别输入"speed"、"sudu"、"速度"。按如图 3-76 所示放置到时间线。

图 3-76

8）按<Ctrl+N>组合键，新建一个合成，在弹出的"Composition Settings"对话框中设置参数，如图 3-77 所示。

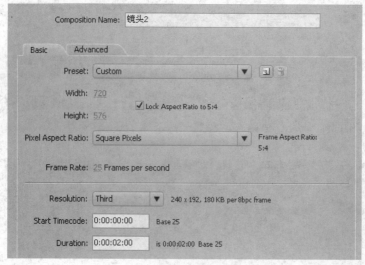

图 3-77

9）导入背景图片并放置在如图 3-78 所示的位置。

图　3-78

10）新建文字图层，输入"emotion"设置动画，并打开运动模糊开关，效果如图 3-79 所示。

a）

b）

c）

图　3-79

11）新建文字图层，输入"jiqing"。按照与上面步骤同样的方法设置其在 17 帧～22

帧的位移动画，并打开运动模糊开关，效果如图 3-80 所示。

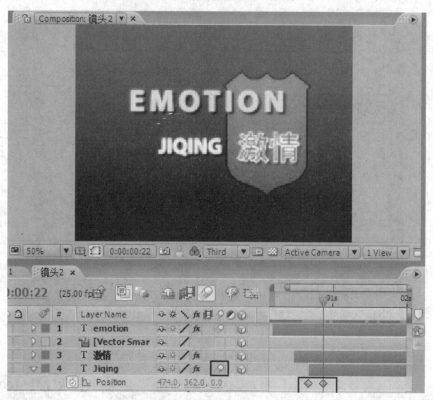

图 3-80

12）新建合成文件，参数设置如图 3-81 所示。

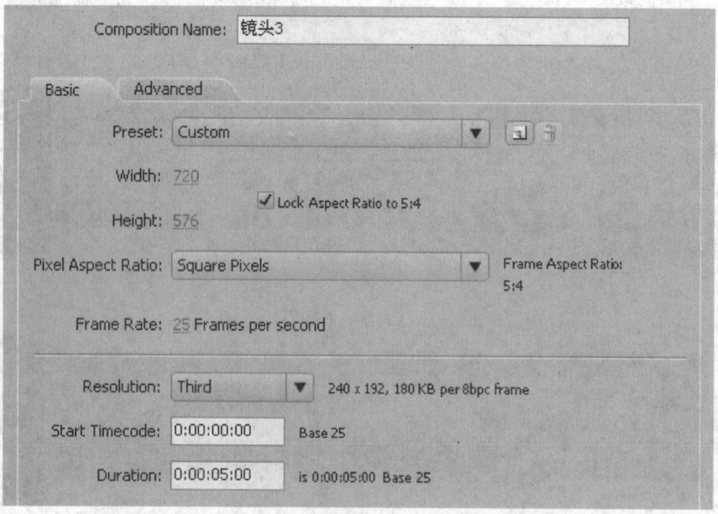

图 3-81

13）新建两个文字图层，按照步骤 10）所给的方式设置文字动画，参数如图 3-82 所示。

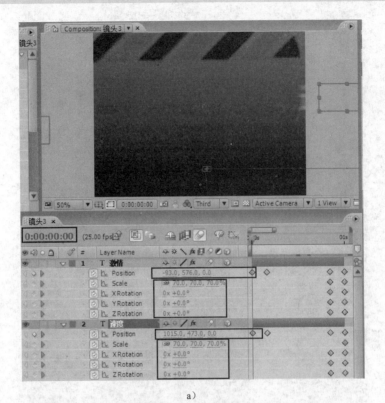

a）

b）

图 3-82

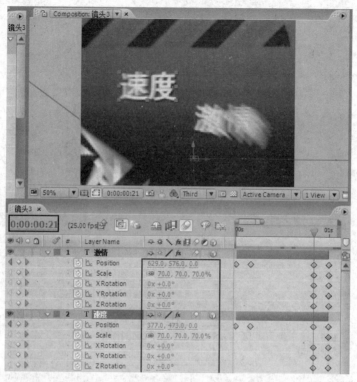

c)

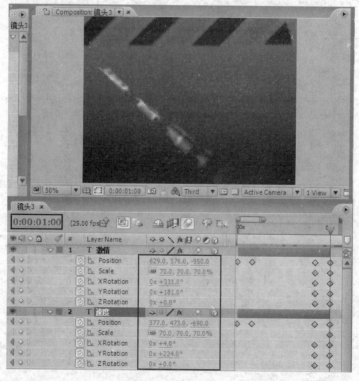

d)

图 3-82（续）

14）导入面具图片，设置叠加方式为 multiply，并设置缩放动画，如图 3-83 所示。

图 3-83

15）按<Ctrl+I>组合键，导入"car.png"图片，并设置缩放动画，如图 3-84 所示。

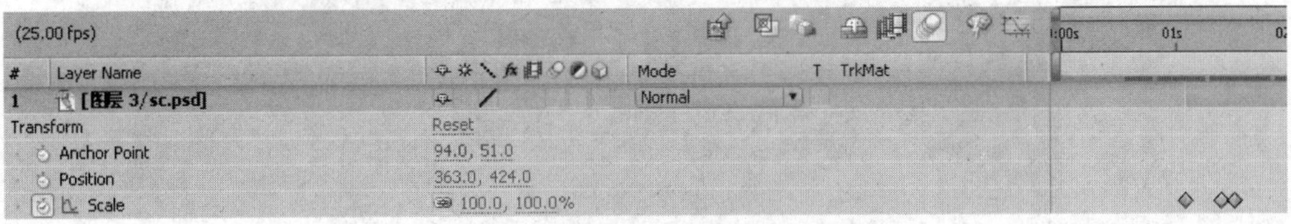

图 3-84

16）新建文字图层，输入"面具车友会"，并设置动画，如图 3-85 所示。

图 3-85

17）新建合成文件，参数如图 3-86 所示。

18）把"镜头 1"、"镜头 2"、"镜头 3"拖拽到新合成文件的时间线上，按如图 3-87 所示位置放置。再新建两个白色固态层，放置在如图 3-87 所示的位置，制作闪白效果。

图 3-86

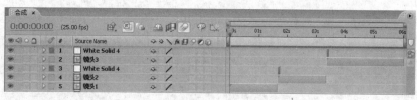

图　3-87

19）在图层顶端添加遮罩层和高级调节层，如图 3-88 所示。

图　3-88

20）给调节层添加"glow"效果，参数设置如图 3-89 所示。

图　3-89

21）新建最终调节合成文件，参数如图 3-90 所示。

图　3-90

22）将"合成"拖拽到"最终调节"合成中。复制"合成"合成文件，对上层的"合成"文件添加曲线效果，并添加"masks"。设置参数如图 3-91 所示。

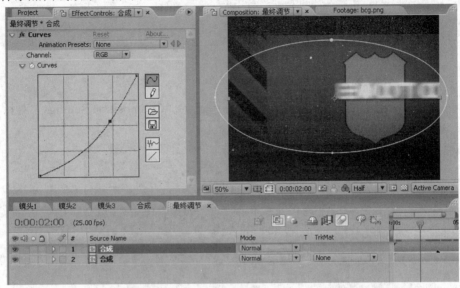

图 3-91

3.7.2 打包文件，渲染输出

1）执行菜单中的"File→Save"命令，保存文件。再执行菜单中的"File→Collect Files"命令，将文件打包。

2）执行菜单中的"File→Export→Quick Time"命令，将"最终调节"渲染输出。

3.8 案例 8 关爱地球宣传片

AE 知识要点

高级调节图层的使用。

AE 效果预览

本案例效果预览图如图 3-92 所示。

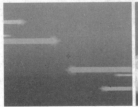

图 3-92

3.8.1 制作关爱地球宣传片

1）启动 After Effects CS3 软件。

2）按<Ctrl+N>组合键，新建一个合成，在弹出的"Composition Settings"对话框中设置参数，如图 3-93 所示。

图　3-93

3）按<Ctrl+I>组合键，导入本书的"配套素材"\"实例素材"\"实战篇"\"3.8 关爱地球宣传片"\Footage\"背景 1.jpg"图片。

4）将"背景 1.jpg"从"Project"项目面板中拖放到"Timeline"时间线窗口中，按<Ctrl+Alt+F>组合键，使图片的尺寸与合成窗口的尺寸相匹配。

5）按<Ctrl+I>组合键，导入"箭头.png"图片，将图片摆放在本例效果图所示的适当位置。

6）镜像复制箭头图层，并将图片摆放在如图 3-94 所示的位置。

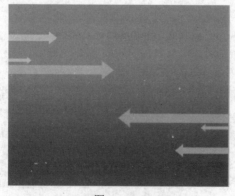

图　3-94

7）从 0s～0s17 帧处制作箭头图层 1 从左向右的位移动画和箭头图层 2 从右向左的位移动画，并打开运动模糊开关，参数设置如图 3-95 所示。

图　3-95

8）按<Ctrl+I>组合键，导入"云.png"图片。

9）将"云.png"从"Project"项目面板中拖放到"Timeline"时间线窗口中，按<Ctrl+Alt+F>组合键，使图片的尺寸与合成窗口的尺寸相匹配。

10）设置"云"图层从 0s12 帧～2s08 帧处从下至上的位移动画，参数设置如图 3-96 所示。

图　3-96

11）按<Ctrl+I>组合键，导入"地球.png"图片，使图片的尺寸与合成窗口的尺寸相匹配。

12）将"地球"图层拖拽到"云层"图层的下边。

13）设置"地球"图层的 Position 位移属性和 Opacity 透明度属性的动画，如图 3-97 所示。

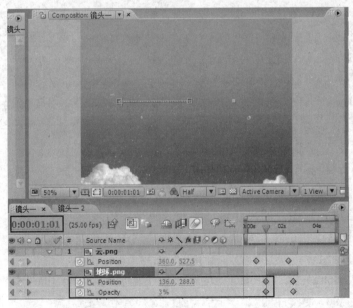

a）

图　3-97

b)

图 3-97（续）

14）按<Ctrl+I>组合键，导入"背景 2.jpg"图片，使图片的尺寸与合成窗口的尺寸相匹配。

15）将"背景 2"图层拖拽到时间线上并设置透明度的动画，参数和位置设置如图 3-98 所示。

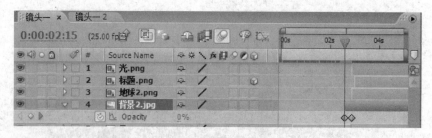

图 3-98

16）按<Ctrl+I>组合键，导入"地球 2.png"图片。

17）将"地球 2.png"从"Project"项目面板中拖放到"Timeline"时间线窗口中，按<Ctrl+Alt+F>组合键，使图片的尺寸与合成窗口的尺寸相匹配。

18）设置地球 2 图层的位移动画，从下到上。时长和位置设置如图 3-99 所示。

19）按<Ctrl+I>组合键，导入"标题.png"图片。

20）将"标题.png"从"Project"项目面板中拖放到"Timeline"时间线窗口中，按<Ctrl+Alt+F>组合键，使图片的尺寸与合成窗口的尺寸相匹配。

21）打开标题图层的三维图层效果开关，如图 3-100 所示。

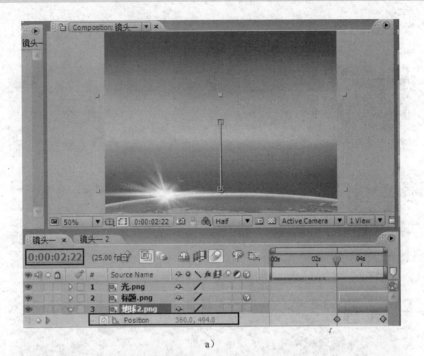

a)

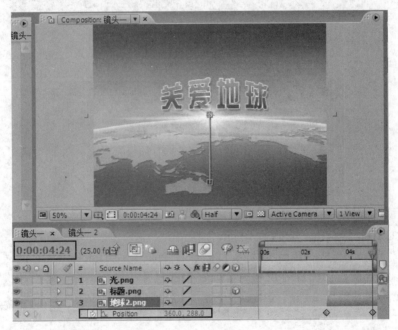

b)

图 3-99

图 3-100

22）设置标题图层的位移和透明度的动画，参数设置如图 3-101 所示。效果如图 3-102 所示。

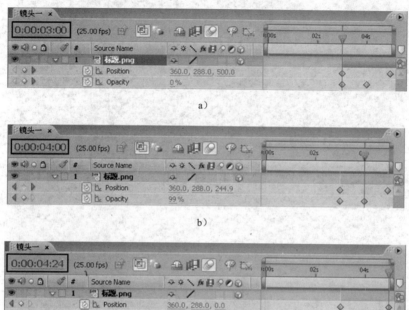

图　3-101

图　3-102

23）按<Ctrl+I>组合键，导入"光.png"图片。

24）将"光.png"从"Project"项目面板中拖放到"Timeline"时间线窗口中，按<Ctrl+Alt+F>组合键，使图片的尺寸与合成窗口的尺寸相匹配。

25）将光图层与地球 2 图层起始位置对齐，将光放在如图 3-103 所示地球边缘的位置。

图　3-103

26）设置光图层的位移动画，2s22 帧时 Position 的值为（212.0,500.0），4s24 帧时 Position 的值为（392.0,292.0），如图 3-104 所示。

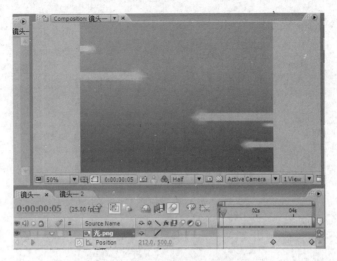

图 3-104

27）在项目面板中将"镜头一"合成项目拖拽到 Create a new Composition 按钮上，建立新的合成项目"镜头一 2"，如图 3-105 所示。

图 3-105

28）选择菜单栏中的"Layer→New→Adjustment Layer"命令，新建高级调节图层，放置在顶层，如图 3-106 所示。

图 3-106

29）为高级调节层添加 Glow，如图 3-107 所示。

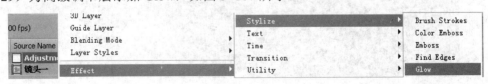

图 3-107

30）设置 Glow 的参数如图 3-108 所示。

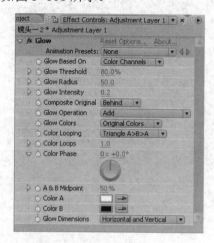

图　3-108

3.8.2　打包文件，渲染输出

1）执行菜单中的"File→Save"命令，保存文件。再执行菜单中的"File→Collect Files"命令，将文件打包。

2）执行菜单中的"File→Export→Quick Time"命令，将"镜头一 2"渲染输出。

3.9　案例 9 旧城故事片头

AE 知识要点

制作印章效果。

AE 效果预览

本案例效果预览图如图 3-109 所示。

图　3-109

AE 操作步骤

3.9.1 制作旧城故事片头

1）启动 After Effects CS3 软件。

2）按<Ctrl+N>组合键，新建一个合成，在弹出的"Composition Settings"对话框中设置参数，如图 3-110 所示。

3）按<Ctrl+I>组合键，导入本书的"配套素材"\"案例素材"\"实战篇"\"3.9 旧城故事片头"\Footage 文件里的素材文件。

4）按<Ctrl+N>组合键，新建一个合成，命名为"镜头 1"，时间长度为 4s。

5）将素材"浮雕.jpg"拖拽至时间线，设置 Scale（缩放）属性数值为：60%，记录位置关键帧动画，0s0 帧位置为（430，380），4s 位置为（280，380）；4s 位置为（280，380），效果如图 3-111 所示。

图 3-110

图 3-111

6）按<Ctrl+T>组合键，新建文字图层，输入内容"塔前的老屋"。在文字层上做遮罩动画，让文字从左到右逐个出现。

7）按<Ctrl+N>组合键，新建一个合成，命名为"镜头 2"，时间长度为 4s。

8）将素材"风筝.jpg"拖拽至时间线，设置 Scale（缩放）属性数值为：107%，记录位置关键帧动画，0s0 帧位置为（360，260），4s 位置为（360，140），效果如图 3-112 所示。

9）按<Ctrl+T>组合键，新建文字图层，输入内容"爷爷的风筝"。在文字层上做遮罩动画，让文字从上到下逐个出现。

10）按<Ctrl+N>组合键，新建一个合成，命名为"镜头 3"，时间长度为 4s。

11）将素材"大门.jpg"拖拽至时间线，记录位置关键帧动画，0s0 帧位置为（430，340），缩放大小为：52%，4s 位置为（360，480），缩放大小为：39%，效果如图 3-113 所示。

图　3-112　　　　　　　　　　　　　　　　　图　3-113

12）按<Ctrl+T>组合键，新建文字图层，输入内容"儿时的欢笑"。在文字层上做遮罩动画，让文字从左到右逐个出现。

13）按<Ctrl+N>组合键，新建一个合成，命名为"镜头 4"，时间长度为 4s。

14）将素材"象棋.jpg"拖拽至时间线，设置 Anchor 数值为（352.5，750），记录位置关键帧动画，0 秒 0 帧缩放大小为：110%，4s 时缩放大小为：135%，效果如图 3-114 所示。

图　3-114

15）按<Ctrl+T>组合键，新建文字图层，输入内容"逝去的岁月"，在文字层上做遮罩动画，让文字从上到下逐个出现。

16）按<Ctrl+N>组合键，新建一个合成，命名为"镜头 5"，时间长度为 4s。将素材"宣纸.jpg、树叶.psd、竹子.psd"拖拽至时间线，如图 3-115 所示。

👁		▷	4	🖿 竹子.psd	⊡	∕		Normal ▼
👁		▷	5	🖿 树叶.psd	⊡	∕		Normal ▼
👁		▷	6	🖿 宣纸.jpg	⊡	∕		Normal ▼

图　3-115

17）设置树叶.psd、竹子.psd 两个素材的位置和缩放属性，效果如图 3-116 所示。

图　3-116

18）将素材"印章.psd"拖拽至时间线，复制一层，做不透明度属性动画，如图 3-117 所示。

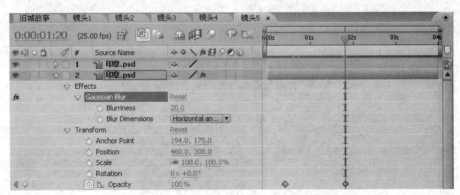

图　3-117

19）将下层素材"印章.psd"添加 Gaussian Blur（高斯模糊）特效，参数设置如图 3-118 所示。

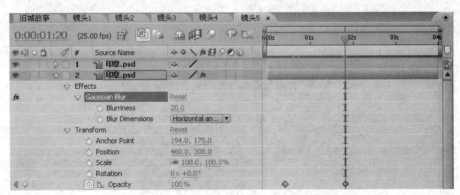

图　3-118

20）按<Ctrl+T>组合键，新建文字图层，输入内容"小城里，有我们难忘的往事……"，在文字层上做遮罩动画，让文字从左到右逐个出现，如图 3-119 所示。

图 3-119

21）将"镜头1～镜头5"5个合成拖拽至总合成"旧城故事"内，前4个合成使用不透明度属性做叠画效果，镜头4和镜头5之间做20帧黑场效果。

22）在最上层轨道新建一个黑色固态层，为固态层添加椭圆形遮罩，勾选"遮罩反向"选项，设置遮罩羽化值为280，暗化画面边缘，突出画面中心，效果如图3-120所示。

图 3-120

23）新建一个黑色固态层，绘制Mask遮罩，为画面添加遮幅，如图3-121所示。

图 3-121

3.9.2 打包文件，渲染输出

1）执行菜单中的"File→Save"命令，保存文件。再执行菜单中的"File→Collect Files"命令，将文件打包。

2）执行菜单中的"File→Export→Quick Time"命令，将"旧城故事"渲染输出。

3.10 案例 10 啤酒广告

AE 知识要点

图层的混合模式。

AE 效果预览

本案例效果预览图如图 3-122 所示。

图　3-122

AE 操作步骤

3.10.1 制作啤酒广告

1）启动 After Effects CS3 软件。

2）按<Ctrl+N>组合键，新建一个合成，在弹出的"Composition Settings"对话框中设置参数，如图 3-123 所示。

3）按<Ctrl+I>组合键，导入本书的"配套素材"\"案例素材"\"实战篇"\"3.10 啤酒广告"\Footage 里的素材文件。

4）按<Ctrl+N>组合键，新建一个合成，命名为"镜头 1"，时间长度为 5s。

5）将素材"麦田 1.jpg"拖拽至新建的"镜头 1"合成内。

6）按<Ctrl+T>组合键，新建文字层，内容输入"精选优质小麦"，效果如图 3-124 所示。

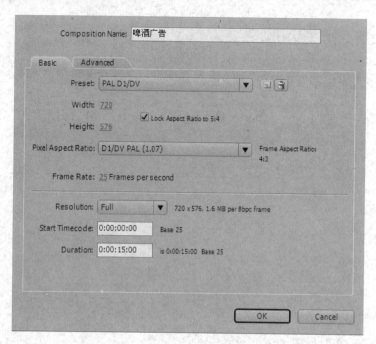

图　3-123

图　3-124

7）选中文字层，时间指针放于 0s 起始位置，设置 Position（位置）属性关键帧动画，如图 3-125 所示。

图　3-125

8）时间指针放于 0s8 帧位置，设置 Position 属性关键帧动画，如图 3-126 所示。

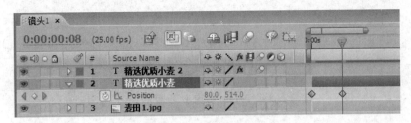

图 3-126

9）时间指针放于 2s 位置，设置 Position（位置）属性关键帧动画，如图 3-127 所示。

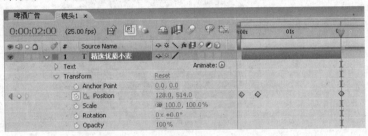

图 3-127

10）单击文字层，时间线指针放置于 2s 处，按<Ctrl+Shift+D>组合键切断所选图层，如图 3-128 所示。

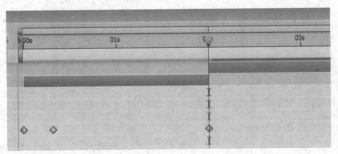

图 3-128

11）选中切断后新增文字层"精选优质小麦 2"，选择菜单中的"Effect→Trapcode→Shine"命令，添加文字背光投射效果，如图 3-129 所示。

图 3-129

12）将时间线指针放置于 2s 处，设置文字层"精选优质小麦 2"的 Shine 特效关键帧动画，记录 Source Point 属性动画（88，496），Shine Opacity：0%，如图 3-130 所示。

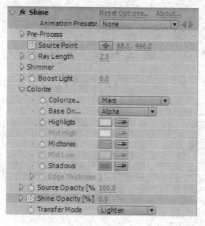

图 3-130

13）将时间线指针放置于 2s05 帧处，设置文字层"精选优质小麦 2"Shine 特效的 Shine Opacity 属性为 100%。

14）将时间线指针放置于 3s05 帧处，设置文字层"精选优质小麦 2"Shine 特效的 Opacity 属性为 100%。

15）将时间线指针放置于 3s10 帧处，设置文字层"精选优质小麦 2"Shine 特效的 Source Point 属性动画（88，496），Opacity 属性为 0%。效果如图 3-131 所示。

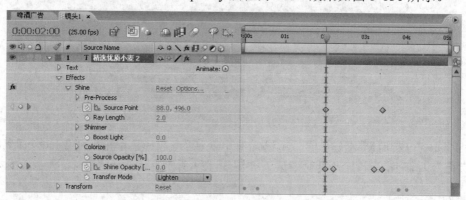

图 3-131

16）选择"麦田 1.jpg"图层，将时间线指针放置于 0s 位置，记录尺寸关键帧动画。设置 Scale 属性为 97%，97%。

17）将时间线指针放置于 4s24 帧位置，设置 Scale 属性为 110%，110%。

18）镜头 1 制作完成。按<0>键预览动画。

19）按<Ctrl+N>组合键，新建一个合成，命名为"镜头 2"，时间长度为 5s。

20）将素材"啤酒花.jpg"拖拽至新建的镜头 2 合成内。

21）按<Ctrl+T>组合键，新建文字层，内容输入"进口啤酒花"。

22）按合成"镜头 1"的方法设置文字动画，效果如图 3-132 所示。

23）选择"啤酒花.jpg"图层，将时间线指针放置于 0s 位置，记录尺寸关键帧动画。设置 Scale 属性为 100%，100%。

24）将时间线指针放置于 4s24 帧位置，设置 Scale 属性为 78%，78%。

25）镜头 2 制作完成，效果如图 3-133 所示。

图 3-132

图 3-133

26）按<Ctrl+N>组合键，新建一个合成，命名为"镜头 3"，时间长度为 5s。

27）将素材"啤酒花.jpg"拖拽至新建的镜头 3 合成内。

28）按<Ctrl+T>组合键，新建文字层，内容输入"先进的生产线"，如图 3-134 所示。

图 3-134

29）使用如上的方法制作文字背光动画。

30）按<Ctrl+N>组合键，新建一个合成，命名为"镜头 4"，时间长度为 5s。

31）将素材"酒杯.psd、水.avi"两个素材拖拽至新建的镜头 4 合成内。将"酒杯.PSD"的混合模式改为"Multiply"，如图 3-135 所示。

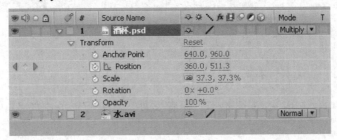
图 3-135

32）设置"酒杯.psd"的位移动画，如图 3-136 所示。

33）按<Ctrl+N>组合键，新建一个合成，命名为"镜头 5"，时间长度为 3s。利用文字工具和绘图工具制作如图 3-137 所示的效果。

图　3-136　　　　　　　　　　　　　　　图　3-137

34）按<Ctrl+N>组合键，新建一个合成，命名为"镜头 6"，时间长度为 5s。将"啤酒.jpg、镜头 5"合成拖拽至时间线，设置镜头 5 的缩放属性动画，效果如图 3-138 所示。

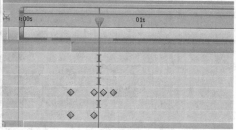

图　3-138

35）将"镜头 1～镜头 6"拖拽至"啤酒广告"合成内，做叠画转场，如图 3-139 所示。

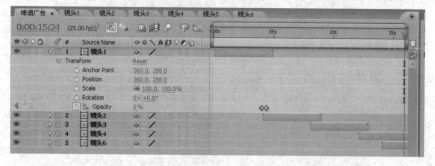

图　3-139

3.10.2　打包文件，渲染输出

1）执行菜单中的"File→Save"命令，保存文件。再执行菜单中的"File→Collect Files"命令，将文件打包。

2）执行菜单中的"File→Export→Quick Time"命令，将"啤酒广告"渲染输出。

3.11 案例 11 花香 5 号

制作花瓣动画效果。

本案例效果预览图如图 3-140 所示。

图　3-140

3.11.1 制作花瓣形状

1）启动 Photoshop，把需要的花瓣素材整理出来，分好图层，如图 3-141 所示。

图　3-141

2）启动 After Effects CS3 软件。按<Ctrl+N>组合键，新建一个合成，在弹出的 "Composition Settings" 对话框中设置参数，如图 3-142 所示。

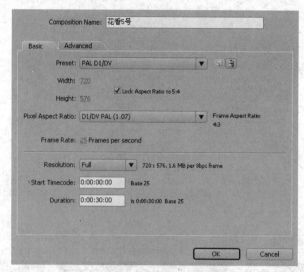

图 3-142

3）按<Ctrl+N>组合键，新建一个合成，命名为"flower"。导入刚刚制作的"flower.psd"花瓣素材，选择分层导入，并拖到新建的合成里，如图 3-143、图 3-144 所示。

图 3-143

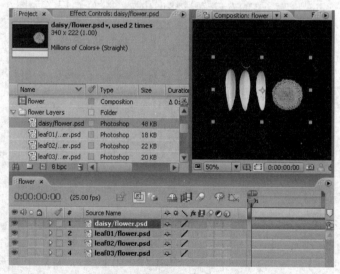

图 3-144

4）使用工具栏的 Pan Behind Tool 锚点工具 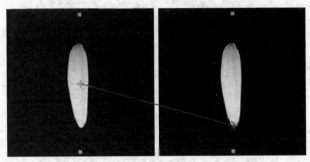，将图片的中心锚点拖动到它的底部，如图 3-145 所示。

图　3-145

5）将图层改为 3D 图层模式，如图 3-146 所示。

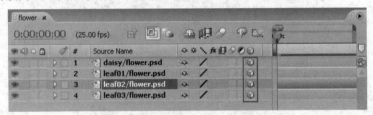

图　3-146

6）选择菜单中的"layer→New→Camera"命令，建立摄像机，Preset 为"35mm"，单击"确定"，如图 3-147 所示。

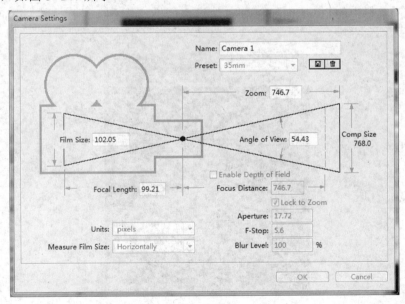

图　3-147

7）移动 leaf01 一点点。选择 leaf01 层，按<Crtl+D>组合键复制一层，将此层花瓣沿着 Z 轴方向旋转 45°，得到第 2 片花瓣，如图 3-148 所示。重复进行复制和旋转命令，得到花的形状。如图 3-148 所示。

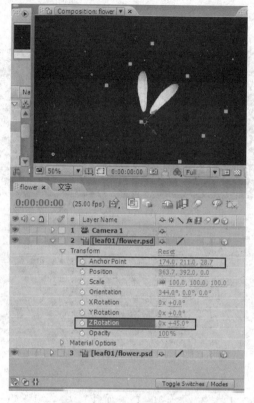

图　3-148

8）单击工具栏中的 Orbit Camera Tool 轨道摄像机工具 ，进行旋转，设定透视角度，如图 3-149 所示。

图　3-149

9）使用工具栏中的 Rotate Tool 旋转工具 ，单个旋转每个叶片，产生更好的透视效果，如图 3-150 所示。

10）为了调整花瓣时更直观，这里我们将视图转换成 4 视图，如图 3-151 所示。

图　3-150

图　3-151

11）复制花瓣并调整花瓣角度，使花瓣看起来更丰富，如图 3-152 所示。

图　3-152

12）调整摄影机的位置和角度，并记录关键帧动画，产生花瓣飘落效果，帧动画如图 3-153 所示。

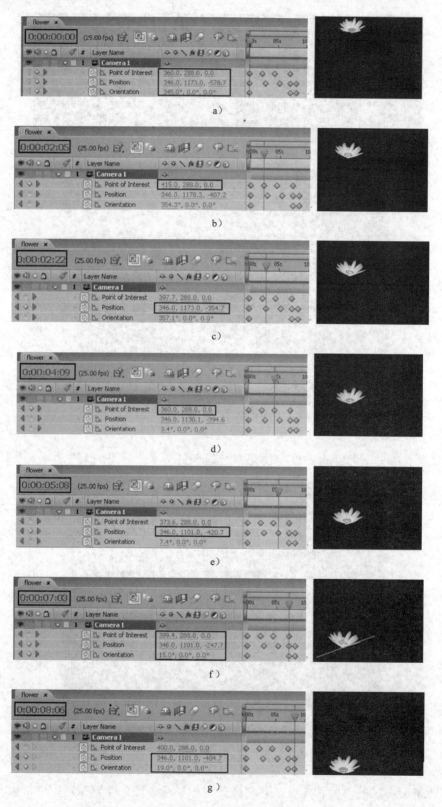

图 3-153

13）按<Ctrl+N>组合键，新建一个合成，命名为"文字"，按<Ctrl+T>组合键，建立文字图层，输入文字"花香5"，选择菜单中的"Effect→Generate→4-Color Gradient"命令，添加特效，如图 3-154 所示。

图　3-154

14）为文字图层制作粒子爆炸效果。选择文字层，选择菜单中的"Effect→Final Effects→FE Pixel Polly"命令，添加特效，如图 3-155 所示。

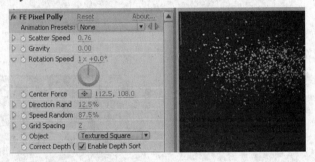

图　3-155

15）按<Ctrl+N>组合键，新建一个合成，命名为"flower5"，将洗发水素材导入，调整图层轴心点位置，做旋转动画，如图 3-156 所示。

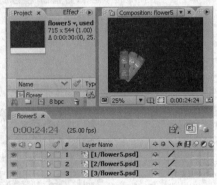

图　3-156

16）选择总合成"花香5号"，将合成"flower"拖拽至时间线，按<Ctrl+D>组合键复制一层，调整缩放及不透明度，做倒影效果，如图 3-157 所示。

17）将"文字"合成拖拽至时间线，制作倒放效果，如图 3-158 所示。

18）按<Ctrl+T>组合键，建立文字图层，输入文字"花香 5"，选择菜单中的"Effect→Generate→4-Color Gradient"命令、"Effect→Perspective→Bevel Edges"命令，添加特效。制

作文字效果，如图 3-159 所示。

图　3-157

图　3-158

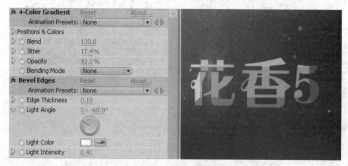

图　3-159

19）制作文字倒影效果。复制文字图层，选择复制的文字图层，做不透明度属性动画和遮罩效果，如图 3-160 所示。

图　3-160

20）将合成"flower5"拖拽至时间线，并复制一层，如图 3-161 所示。

图　3-161

21）新建一个固态层 solid，在固态层上单击鼠标右键，在其快捷菜单中选择 mask，进行如图 3-162 所示的调节设置。

图　3-162

22）调节之后的最终效果如图 3-163 所示。

图　3-163

3.11.2 打包文件,渲染输出

1)执行菜单中的"File→Save"命令,保存文件。再执行菜单中的"File→Collect Files"命令,将文件打包。

2)执行菜单中的"File→Export→Quick Time"命令,将"花香 5 号"渲染输出。

3.12 案例 12 魔力王国

AE 知识要点

旋涡效果的制作。

AE 效果预览

本案例效果预览图如图 3-164 所示。

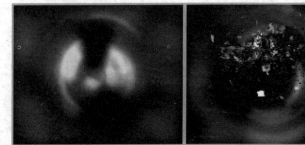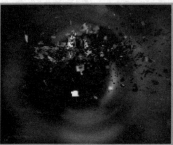

图 3-164

AE 操作步骤

3.12.1 魔力王国广告制作

1)启动 After Effects CS3 软件。

2)按<Ctrl+N>组合键,新建一个合成,在弹出的"Composition Settings"对话框中设置参数,如图 3-165 所示。并按<Ctrl+I>组合键导入配套素材文件夹中相应章节的文件。

3)创建一个黑色固态层,命名为"背景"。

4)创建一个黑色固态层,命名为"漩涡",用来制作底部绿色旋转特效。选中"漩涡"层,选择菜单中的"layer→Pre_compose"命令建立新的合成并命名为"漩涡"。

5)打开"漩涡"合成,选择"漩涡"层,选择菜单中的"Effect→Noise&Grain→Fractal

noise"命令，为其添加特效，设置参数如图 3-166 所示。

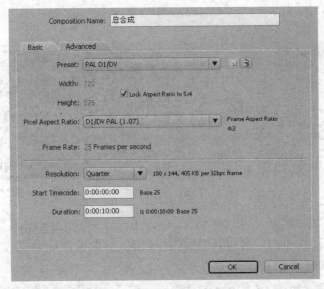

图　3-165

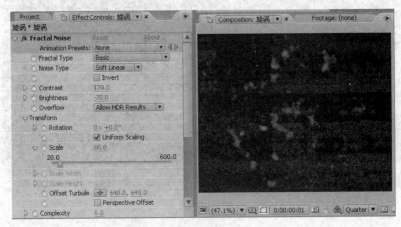

图　3-166

6）为使画面更加生动，我们在两处添加表达式。

按<Alt+左键>并单击 Sub Settings 下拉菜单中 Sub Rotat 的小钟表处，然后输入 time*10。

按<Alt+左键>并单击 Evolution 的小钟表处，然后输入 time*150。如图 3-167 所示。

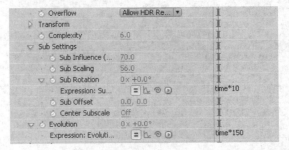

图　3-167

7）为达到圆形旋转效果，继续选择菜单中的"Effect→Blur&Sharpen→Fast Blur"命令和"Effect→Blur&Sharpen→CC Radial Blur"命令，添加特效，具体的参数设置如图 3-168 所示。

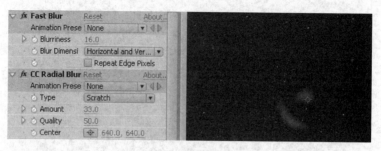

图 3-168

8）为了使效果更加绚丽，可选择菜单中的"Effect→Stylize→Glow"命令，添加光晕效果。设置 Color A 和 Color B，因为我们要做绿色的。所以设置 Color A 的颜色为#284A00，Color B 的颜色为#060C00，如图 3-169 所示。

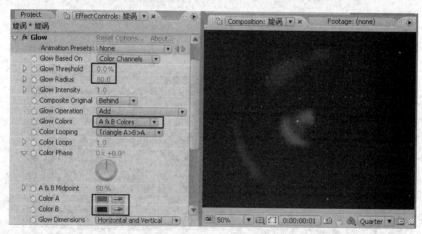

图 3-169

9）由于初步设置颜色还不是很理想，所以还需设置一下颜色深度。选择菜单中的"File→Project Setting→Color Settings"命令，设置其 Depth 属性为 32 bits per channel，如图 3-170 所示。

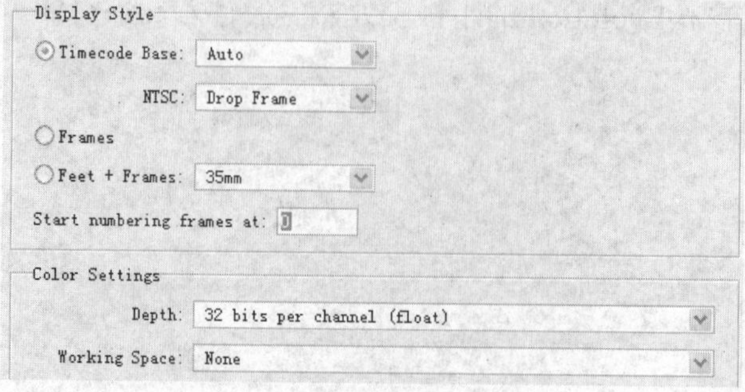

图 3-170

选择菜单中的"Effect→Color Correction→Exposure"命令，添加特效，将曝光度 Exposure 设置置为 5.0，使颜色看起来更绚烂一些。效果如图 3-171 所示。

10）选择"漩涡"层，按<R>键调出图层旋转属性面板，按<Alt+左键>并单击 Rotation 的小钟表处，然后输入 time*50。图层旋转起来的时候，固态层会显示出大小不足，选择菜单栏中的"Layer→solid settings"命令，改变固态层长和宽的尺寸。如图 3-172 所示。

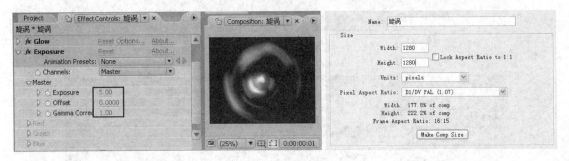

图　3-171   图　3-172

11）新建一个固态层并命名为"遮罩"，绘制一个圆形遮罩，羽化值设置为 30。设置图层"漩涡"的 track-matte 为 Luma Matte "遮罩"，如图 3-173 所示。

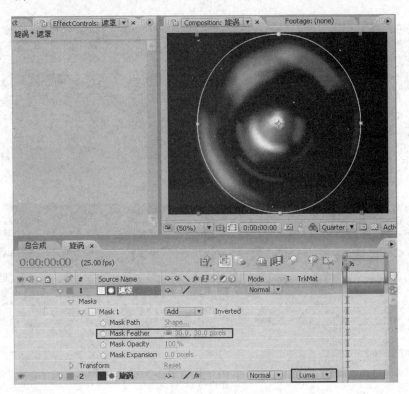

图　3-173

12）返回"总合成"合成，在"漩涡"合成图层上添加"Transition→Radial Wipe"的特效。然后开始记录关键帧动画，如图 3-174 所示。

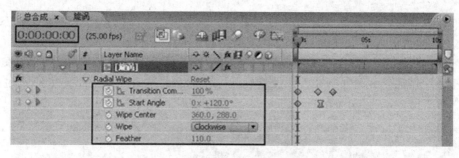

a）

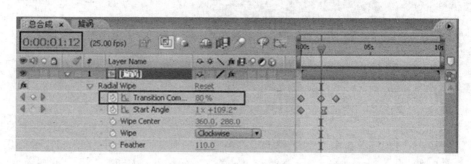

b）

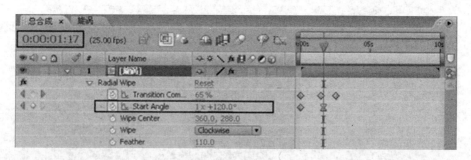

c）

d）

图 3-174

13）为使光效更加明显有层次感，按<Ctrl+D>组合键复制"漩涡"合成图层，并将其命名为"漩涡_辉光"，图层模式改成 Add，再次添加 CC Radial Blur ，设置 Type 为 Fading Zoom，Amount 为 190。然后降低"漩涡_辉光"图层的透明度为 70%，如图 3-175 所示。

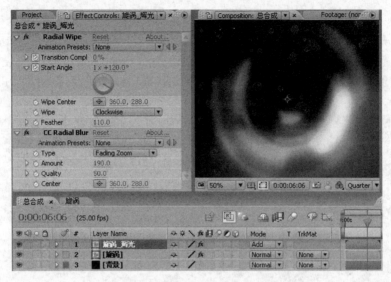

图 3-175

14）创建一个新的固态层并命名为"灰尘粒子"。选中"灰尘粒子"层，按<Ctrl+Shift+C>组合键进行合成重组，并将重组的合成命名为"灰尘"。双击打开"灰尘"合成，选择"灰尘粒子"层，添加"Effect→Trapcode→Particular"特效，设置 Emitter、Particle 和 Physics选项的参数如图 3-176 所示。

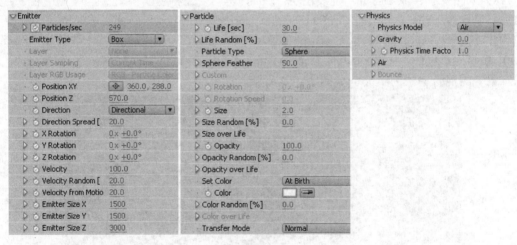

图 3-176

15）为了不使粒子一直发射，设置关键帧停止其发射，如图 3-177 所示。

图 3-177

16）为使画面看起来更加丰富，继续添加一些灰尘效果，按<Ctrl+D>组合键复制"灰尘粒子"固态层并重命名为"灰尘模糊"。添加 Fast Blur 到"灰尘模糊"并设置 Bluriness 为 20。

17）创建新的固态层并命名为"灰尘模糊 2"，添加 Fractal Noise 命令，设置 Brightness 为−65。设置 Scale value 为 280。添加表达式到 Evolution，将图层叠加透明度调为 30%，如图 3-178 所示。

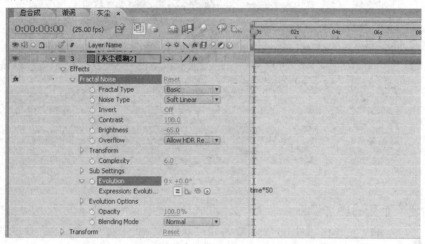

图　3-178

18）返回"总合成"合成，复制图层"漩涡_辉光"并将它移至"灰尘"上方重命名为"漩涡_遮罩"，选择菜单中的"Effect→Color Correction→Tint"命令，添加特效。选择菜单中的"Effect→Color Correction→Brightness & Contrast"命令，添加特效，设置 Brightness 为 90，Contrast 为 50，设置 Dust 的 Track-Matte 为 Luma Matte"漩涡_遮罩"，设置合成"漩涡_遮罩"的混合模式为 Add。如图 3-179 所示。

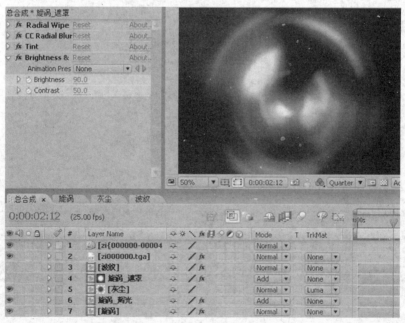

图　3-179

19）新建合成，将合成命名为"波纹"，创建一个固态层，添加 Fractal Noise 特效，参数设置如图 3-180 所示。

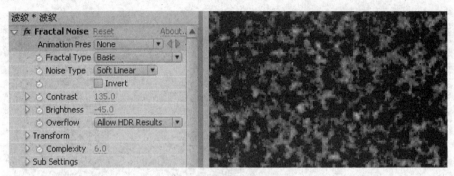

图 3-180

按<Alt+左键>并单击 Evolution 的小钟表处，然后输入 time*100。

20）返回"总合成"，将"波纹"合成拖动到时间轴上。选择"波纹"图层，为合成绘制两个遮罩，设置如图 3-181 所示。

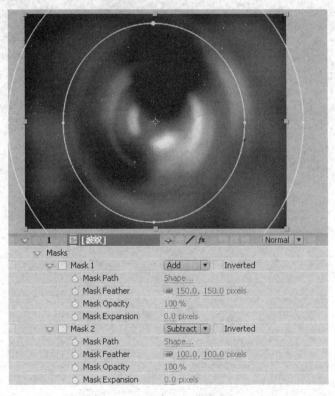

图 3-181

21）选择"波纹"层，选择菜单中的"Effect→Color Correction→Hue/Saturation"命令，"Effect→Blur&Sharpen→Compound Blur"命令，"Effect→Blur&Sharpen→Fast Blur"命令，"Effect→Color Correction→Exposure"命令，添加特效，将图层混合模式改为"Add"，如图 3-182 所示。

22）将图片序列 "zi{000000...000049}.tga" 拖拽至总合成内，选择菜单栏中的 "Layer→Time→Time Stretch" 命令，在打开的窗口中设置 Stretch Factor 为 "-100%"，制作倒放效果，如图 3-183 所示。

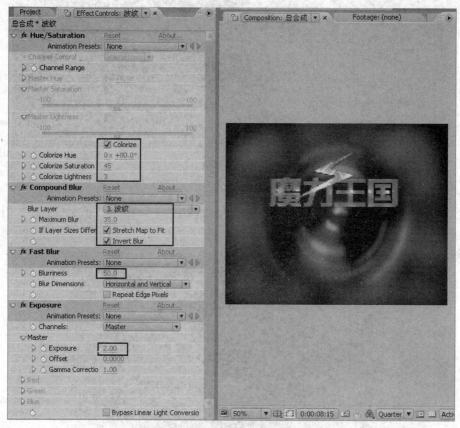

图　3-182

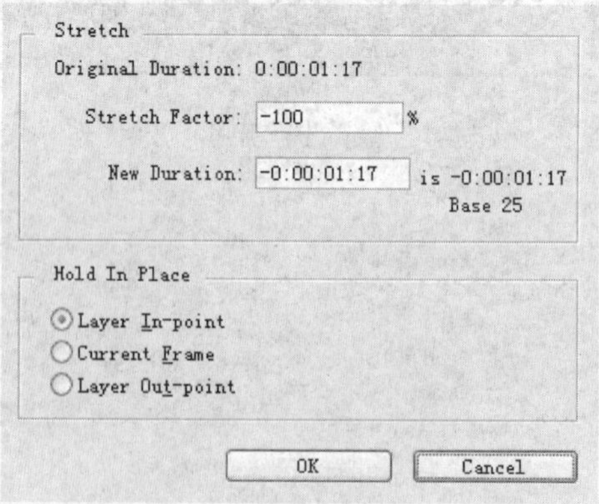

图　3-183

23）将图片序列的出现时间设置在 3s 位置。在 4s17 帧位置添加图片图层 "zi000000.tga"，并为该图层添加特效 "Effects→Final Effects→FE Light Sweep"，为图层添加表面过光效果。设置 Light Center 的参数值在 5s 处为（53-3，218.0），在 6s 处为（704，224），如图 3-184 所示。

图　3-184

3.12.2　打包文件，渲染输出

1）执行菜单中的"File→Save"命令，保存文件。再执行菜单中的"File→Collect Files"命令，将文件打包。

2）执行菜单中的"File→Export→Quick Time"命令，将"总合成"渲染输出。

3.13　案例 13 财经节目宣传片

知识要点

多个合成的嵌套。

效果预览

本案例效果预览图如图 3-185 所示。

图　3-185

AE 操作步骤

3.13.1 制作节目宣传片

1）启动 After Effects CS3 软件。

2）按<Ctrl+N>组合键，新建一个合成，在弹出的"Composition Settings"对话框中设置参数，如图 3-186 所示。

图　3-186

3）按<Ctrl+I>组合键，导入本书的"配套素材"\"案例素材"\"实战篇"\"3.13 财经节目宣传片"\Footage 中的素材文件。

4）按<Ctrl+N>组合键，新建一个合成，命名为"背景动画"，时间长度为 15 秒。

5）将素材"背景/背景.psd、太阳/背景.psd、图层 1/背景.psd"拖拽至时间线，图层位置顺序如图 3-187 所示。

图　3-187

6）选中"太阳 1/背景.psd"，做位置关键帧动画，使太阳逐渐升起，如图 3-188 所示。

7）选中"图层 1/背景.psd"，按<Ctrl+D>组合键 2 次，复制出 2 个云彩图层，调整大小，做云彩水平移动效果，如图 3-189 所示。

8）按<Ctrl+N>组合键，新建一个合成，命名为"浪花动画"，时间长度为 1s。

9）将"浪花 1/背景.psd、浪花 2/背景.psd"拖拽至时间线，做浪花溅起的动画效果，如图 3-190 所示。

图 3-188   图 3-189

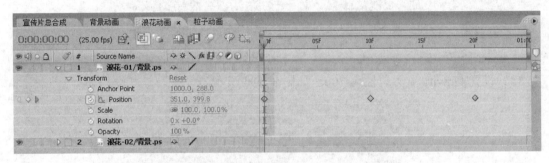

图 3-190

10）效果如图 3-191 所示。

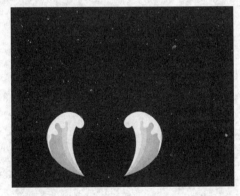

图 3-191

11）按<Ctrl+N>组合键，新建一个合成并命名为"粒子动画"，时间长度为 5s，将素材"元宝.psd"拖拽至时间线，单击图层显示切换按钮，隐藏图层，如图 3-192 所示。

图 3-192

12）按<Ctrl+Y>组合键，新建固态层"粒子"，为该图层添加粒子特效"Effect→Trapcode→Particular"。

13）设置 Particle Type 粒子类型，此处选择 Custom 自定义，如图 3-193 所示。

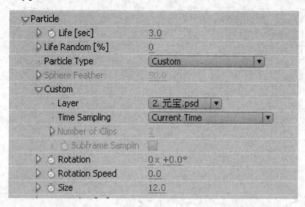

图 3-193

14）设置 Gravity 重力属性为 100，如图 3-194 所示。

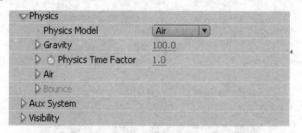

图 3-194

15）将"背景动画"合成拖拽至"宣传片总合成"的时间线上，放在最底层做背景，将"水波纹 3/背景.psd"图层放在背景动画上层，"水波纹 2/背景.psd、水波纹 1/背景.psd"依次放于上层，其他素材放置于"水波纹 2/背景.psd、水波纹 1/背景.psd"两个图层的下面，如图 3-195 所示。

	#	Source Name		Mode	T	TrkMat
	1	水波纹1/背景.psd		Normal		
	2	水波纹2/背景.psd		Normal		None
	3	T 生意兴隆，财源滚	fx	Normal		None
	4	粒子动画		Normal		None
	5	财神02.psd		Normal		None
	6	财神01.psd		Normal		None
	7	T 祝观众朋友们身体	fx	Normal		None
	8	浪花动画		Normal		None
	9	浪花动画		Normal		None
	10	鱼.psd		Normal		None
	11	鱼.psd		Normal		None
	12	T 财经频道给您拜年	fx	Normal		None
	13	浪花动画		Normal		None
	14	浪花动画		Normal		None
	15	鱼.psd		Normal		None
	16	鱼.psd		Normal		None
	17	水波纹3/背景.psd		Normal		None
	18	背景动画		Normal		None

图 3-195

16）设置水波纹 1、2、3 图层的位置属性动画，产生水波纹从右至左流动动画，水平移动速度依次变快。

17）选中"鱼.psd"图层，按<Ctrl+D>组合键复制一次，从 0s0 帧～1s18 帧，设置位置和旋转属性动画，制作鱼跳跃动画，效果如图 3-196 所示。

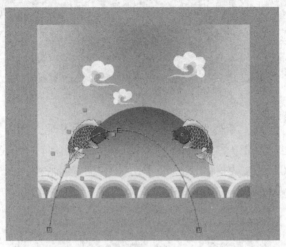

图　3-196

18）将"浪花动画"图层移至 1s04 帧位置显示，如图 3-197 所示。

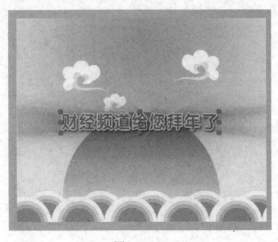

图　3-197

19）按<Ctrl+T>组合键，新建文字图层，输入文字"财经频道给您拜年了"，图层出现的位置为 1s15 帧，结束的位置为 4s05 帧，给文字图层添加 Trapcode Shine 背光特效，效果如图 3-198 所示。

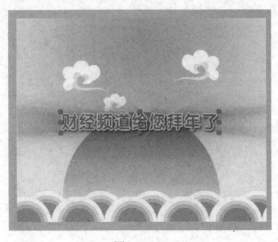

图　3-198

20）选中步骤 17）中制作的"鱼.psd"图层与浪花动画合成，按<Ctrl+D>组合键复制一次，移动复制的 4 个图层，使"鱼.psd"图层的出现位置为 4s0 帧，如图 3-199 所示。

图　3-199

21）按<Ctrl+T>组合键，新建文字图层，输入文字"祝观众朋友们身体健康"，图层出现的位置为 5s15 帧，结束的位置为 8s05 帧，给文字图层添加 Trapcode Shine 背光特效。

22）选中"财神 01.psd、财神 02.psd"图层，设置位置属性动画，在 8s0 帧从画面外进入画面之中，从 11s10 帧移动到画面外，效果如图 3-200 所示。

图　3-200

23）设置"粒子动画"合成的出现时间，从 8s08 帧出现在"财神.psd"图层之上，从 11s10 帧做淡出动画，效果如图 3-201 所示。

图　3-201

24）按<Ctrl+T>组合键，新建文字图层，输入文字"生意兴隆，财源滚滚来"，图层出现的位置为 11s08 帧，结束的位置为 14s24 帧，给文字图层添加 Trapcode Shine 背光特效。效果如图 3-202 所示。

图　3-202

3.13.2　打包文件，渲染输出

1）执行菜单中的"File→Save"命令，保存文件。再执行菜单中的"File→Collect Files"命令，将文件打包。

2）执行菜单中的"File→Export→Quick Time"命令，将"宣传片总合成"渲染输出。

参 考 文 献

[1] 倪栋．Adobe After Effects 7.0 标准培训教材[M]．北京：人民邮电出版社，2007．

[2] 马小萍．After Effects 7.0 影视特效设计基础与实例教程[M]．北京：中国电力出版社，2007．

[3] 谢中元，胡安林．After Effects CS3 特效合成完全实例教程[M]．北京：北京科海电子出版社，2009．

[4] 赵晋峰．After Effects7.0 轻松课堂实录[M]．北京：兵器工业出版社，2007．

[5] 倪栋．ADOBE AFTER EFFECTS CS3 PROFESSIONAL 标准培训教材[M]．北京：人民邮电出版社，2008．

[6] 尤高升．After Effects CS4 完全自学教程[M]．北京：人民邮电出版社，2010．

[7] 陈伟．After Effects 7.0 影视特效设计经典 100 例[M]．北京：中国电力出版社，2007．

[8] 钟彬．After Effects 影视特效设计经典 108 例[M]．北京：中国青年出版社，2006．